# 基地労働者から見た日本の「戦後」と「災後」と「今後」

編著者
春田吉備彦
＋
全駐留軍労働組合中央本部

執筆者
紺谷　智弘　伊原　亮司　小俣　勝治
福田　護　小宮　玲子　岩垣　真人
河合　塁　伊藤　匡



労働開発研究会

# まえがき

全駐労（全駐留軍労働組合）の前身である全進同盟（全国進駐軍労働組合総同盟）が結成されてから二〇二〇年で七五周年を迎えることになる。基地労働は、一九四五年八月一五日の終戦と共に、当時「進駐軍」や「占領軍」と呼ばれた米・英を中心とした連合国軍による日本占領から始まり今日に至っている。基地労働者は、終戦直後こそ「日雇い」だったものの、常用化が進んだ後も国家公務員ではないと法律で定められ、一方では「日米地位協定」の分厚い壁によって、民間企業の労働者であれば当然に受けられる労働関係法令の適用が阻まれ、組合の長年の闘いにもかかわらず未だ解決できずにいる。

基地労働者の雇用主は日本政府（防衛省）であるが、労働者に対する直接的な指揮・命令などの労務管理権は米軍にある。つまり、雇用主＝防衛省、使用主＝米軍という労働者派遣にも似た「間接雇用」となっているが、労働者派遣法が制定される遙か以前から存在している基地労働者のこの特異な雇用方式や身分は、いかなる法律に基づき成立しているのか。私たち基地労働者は、日米同盟、そして日本の平和維持に少なからず寄与する「純粋公共財」であると自負しているにもかかわらず、終戦以来ずっと不安定な雇用身分におかれ、特異な雇用方式によって労使関係すら責任の所在が曖昧なままだ。

一九七八年から始まった、いわゆる「思いやり予算」や一九九一年からの「新特別協定」によって、基地労働者の労務費が日本側負担となったことから、基地労働者が長年にわたって強いられてきた「首切り合理化」の不安は若干遠のいた。しかし、予算上は人件費としてではなく防衛省予算の物件費として扱われ、国の予算を握っている財務省や国会という労使関係外のハードルを乗り越えねばならず、米軍基地が所在する都府県や市区町村は、米軍基地の整理縮小を求め跡地利用計画は策定しても基地労働者の雇用については何ら言及していない。「官」でもなく、さりとて純粋な「民」でもない曖昧な存在。そして、米軍基地のフェンスというベールに包まれて、外からでは、就労実態がよくわからない存在。それが基地労働者なのである。

本書は、基地労働の当事者ばかりではなく、労働法学、社会学、基地労働問題、震災復興、集団的自衛権、自衛隊員の労働問題、労働災害など様々な専門分野の研究者・実務者の視点から執筆いただいた。ご多忙にもかかわらず、示唆に富む論考を寄せていただいたことに心から感謝申し上げたい。基地労働者を代表する私たち全駐労の悲願である「ステータス確立」、すなわち、戦後七〇余年が経過してもなお曖昧なままであり続けている基地労働者としての身分に法的な根拠を与え、国が雇用する労働者としての権利と義務を明確にさせるという目的の達成に向けた一助となることを大いに期待したい。

二〇二一年八月

全駐留軍労働組合

中央執行委員長　紺谷智弘

## 目次

序章

# 災害列島日本と「BCP」と「戦争災害」?

最初に、読者諸賢に問いたい。「戦後の日本は、これまで、平和だったといえるか」と。この漠とした質問に対しては、いろんな答えがあるかもしれない。しかし私は、「戦後の日本は平和であるようにも見えたが、それは虚構だったのでは?」といった、漠然とした疑問を持っている。元号も新しくなり、何かが大きくかわりそうなのに、「本当に平和だったのか」という、最も肝心な宿題は積み残されたままであり、相変わらず、二〇二〇年代以後でもそのことに対してのはっきりした答えを出せずに、悶々としている予感がする。

それはこういうことだ。昭和の戦災復興から高度経済成長を経験して、平成に入ると、もはや経済成長が望めないことが明らかになった。このように、経済環境は大きく変化したにも関わらず、昭和から令和にかけ、変わらなかったことは「災害列島日本」として、例年、台風・豪雨・高波・津波・地震などの多くの自然災害に見舞われたということだ。例えば最近でも、二〇一八年には、北海道胆振地方の地震・台風二一号などが発生し、多くの犠牲者が出た。二〇一九年六月の大阪北部地震では、広範囲で鉄道が朝から夜まで運休し、道路も渋滞し、街中に大量の通勤困難者や帰宅困難者が溢れかえるなど、社会が大混乱した。

こういった自然災害の際の、労使の関係に目を向けてみると、まず企業は「事業継続計画(BCP = Business Continuity Plan)」[1]を立てながら、企業施設・企業設備の被災や社会インフラの寸断などによる業務停止に起因する非常事態などが企業経営に与えられるダメージを最小限にとどめることに関心を寄せた。[2]　ＢＣＰとは、「地震等の自然災害、感染症のまん延、テロ等の事件、サプライチェーン（供給網）の途絶、突発的な経営環境の変化などの不測の事態が発生しても、重要な事業を中断させない、または中断しても可能な限り短い期間で復旧させるための方針、体制、手順等を示した計画」[3]のことをいう。

このＢＣＰにおいて「労働災害（労災）」への言及がないのは、企業の防災活動において、労働者の「身体・生命の安全確保」（労災予防や企業の安全配慮義務）は当然の義務であるからだ。しかし、現実には、労働者は、自然災害直撃時でも会社の命令に従って、出社しなければならないのかという問題が出てきている。例えば、大型台風直撃下において普段通りの食品配送を命じられるドライバー、高齢者の在宅介護を支えるために訪問介護を担う介護福祉士など自然災害に見舞われながら、「命」がけの業務を強いられている者は少なくない。

少し話がそれたが、ＢＣＰの文言の中で「テロ等の事件」という不穏な表現がある。たしかに、「テロ」は、「戦争」や「国際紛争」そのものではない。一九九五年三月二〇日、日本でもオウム真理教による、同時多発テロ事件（地下鉄サリン事件）＝「ＮＢＣ災害」[4]が発生した。五月一六日、オウム真理教の上九一色村の教団施設に「炭鉱のカナリア」[5]を先頭に鳥かごを持った完全防護の異様な雰囲気で、捜査員が踏み込んだ場面を覚えていらっしゃる読者諸賢もおられることだろう。近年、先進国では「CBRNE《シーバーン》災害」[6]として、テロへの脅威も災害ととらえる考え方が定着しつつある。「テロ等の事件」という文言がわざわざあるのは、いわゆる、国民保護法[7]のいう「武力攻撃災害」とともに「戦争」や「国際紛争」といった「戦争災害（戦災）」[8]をも視界にいれた表現であるのだとすれば、これらの問題は陸続きということなのかもしれない。いずれにせよ、こうしてみてくると、「これでも、本当に戦後の日本は平和だったといえるのか？」という、私の漠然とした疑問も、少しは共感していただけるのではないだろうか。

### 悪い米軍・自衛隊とよい米軍・自衛隊？

「平和は大切ですか？」と聞けば、おそらく一〇〇％の人が「そうだ」と答えるだろう。しかし、ローマ時代の古い諺に「平和を欲せば戦に備えよ（Si vis pacem,para bellum.）」というものがある。今日の日本では、「日本の平和をより強固にする」という名目で、二〇一五年三月に施行された、防衛・安全保障法制改正法（いわゆる、新安保法制）によって、集団的自衛権・海外派兵が法認された。しかし、これに対しての批判が強いのは、かえって、将来的には、日本に「戦争」「戦災」を引き寄せることになるのではないかという危惧が大きいからだ。新安保法制への賛否はさておいても、このように、何が「平和」なのかは、実はあやふやなのだ。

これと同じことは、在日米軍や自衛隊にもいえるだろう。最近の新聞に目を通すと、「悪いことをする、米軍（自衛隊）」というニュアンスで、つぎのような報道がある。二〇一八年三月二七日、南西諸島防衛のための水陸機動隊（日本版海兵隊）が発足した[9]。二〇一八年四月四日、横浜市内に米空軍ＣＶ22オスプレイ五機が陸揚げされ、横田基地に配備された[10]。二〇一八年九月二〇日には、南スーダンに派遣された、陸上自衛隊の国連平和維持活動（ＰＫＯ）部隊が「駆けつけ警護」の任務において、警備要員・施設要員の全員が一人あたり一八〇発の銃弾を持っていたことが判明した[11]……。

その一方で、「よいことをする米軍（自衛隊）」というニュアンスのつぎのような報道もある。二〇一八年七月上旬に西日本を襲った記録的豪雨で住宅の浸水被害が出た山口県岩国市では二二日までに米軍岩国基地の隊員ら延べ約四九〇人がボランティアで被災地の復旧作業に携わった[12]。これまで、自衛隊だけではなく、米軍も空母ロナルド・レーガンの「トモダチ作戦」に象徴されるように、続発する日本の自然災害—一九九五年一月の「阪神大震災」、二〇〇四年一〇月の「新潟県中越地震」、二〇一一年三月の「東日本大震災」などにおいて—米軍は積極的に、時には先頭に立って、国際災害援助や復興支援に尽力してきた。「よい米軍（自衛隊）」と「悪い米軍（自衛隊）」は渾然一体となっている。物事には「光」と「影」がある。このことが、平和の意味を考えるうえで、避けては通れないのだ。

## 戦後一貫して、まぢかで米軍のふるまいを見続けてきた「基地労働者」

冒頭の質問に、「ある事実」を付け加えて、再び、質問を繰り返してみたい。ある事実とは、戦後一貫して、米軍が進駐軍あるいは駐留軍として、日本に駐留している、という事実である。そうすると、冒頭の質問は、「米軍が駐留することで、戦後の日本は、これまで、平和だったのか？」という質問になる。それに対しては、賛否両論と多様な意見がありうるだろう。とはいえ、少なくとも「米軍の駐留をサポートするために、戦後一貫して、黙々と、働き続けた、日本人労働者がいた」ことは厳然とした事実だということを、まずは忘れないでほしい。

こういった日本人労働者は、法的には、駐留軍等労働者と呼ばれるが、ここでは、基地労働者と呼んでおく。その法的地位については非常に複雑だが、ここでは、国家公務員ではないものの、[13]雇用主は国であり、完全に民間労働者と同一とも位置づけられないという「不思議な身分関係」にある。この不思議な身分関係ゆえに、戦後一貫して、基地労働者は民間労働者の

沖縄を除く地域における在日米軍主要部隊などの配置図（平成29年度末現在）

（注）在日米軍ホームページなどをもとに作成

様々な矛盾が凝縮した形で、多くの労働問題を経験してきたのだ。

　ところで私は、基地労働問題に関心をもち、「全駐留軍労働組合（全駐労）」にその実情を教えてもらうために全国の米軍基地と全駐労の各地区本部などを訪問している。米軍基地は日本の中の異国ともいえる「三沢」「横田」「厚木」「座間」「横須賀」「キャンプ富士」「経ヶ岬」「呉」「岩国」「佐世保」「嘉手納」「普天間」などの「青森」「埼玉」「東京」「神奈川」「静岡」「京都」「広島」「山口」「長崎」「沖縄」といった、日本の10都府県にある。

　そうこうするうちに、気づいたことがある。それは、進歩的な「あの雑誌」も保守的な「あの雑誌」も、米軍基地や米軍を外から眺めて、その編集方針に沿う話題を物見遊山のように提供しているだけだ、ということだ。要するに、基地労働者の声は、すっぽり抜け落ちている。本来、外交・防衛問題は、多面的で重層的な見方を積み重ね、多様な意見と議論を通じて共通理解を作り上げていくべき事柄であるはずだ。戦後の日本の歴史と外交・防衛政策に大きな影響を与えてきた、米軍や米軍基地の動向と息吹を最も身近に観察してきた、基地労働者の声を一切聴かずして、外から、大所高所的に論評するのは、公正な物の見方ではないだろう。

本書は、私が米軍基地を訪ね歩き、途上で出会った方々と「基地労働者からの内的視点に寄り添いながら、日本の来た道と行く道を論じるべきではないのか」といった話の中で生まれたものである。

そして、私たちが、戦後一貫して、米軍と働き続けてきた基地労働者の豊富な経験に耳を傾け、内的視点を共有することで、外的視点だけからはよく見えてこなかった「戦後と災後の日本」を多角的に表現し、明確に像を描くことが可能になると考えている。そして、そこから学んだことは、「今後の日本」と労働者にとっても、「大きな道しるべ」を示すことになるとも考えている。本企画の主人公は、基地労働者である。

ところで、本書の執筆陣は、政治的立場・学問上の専攻分野・日々生活する場所などに一体感はない。基地労働者として働いた経験のある者、戦後の基地労働運動史をクールに社会学的に振り返る者、ゲートの中で起こる「労働災害」に関心を示す者、米軍統治下の沖縄の軍労働に興味を示す者、米軍と自衛隊の動向や集団的自衛権の法認化を批判的に考察する者、自衛隊員の労働問題を行政法の枠内で論じ「軍」の法的位置づけに関心を寄せる者、東日本大震災を経験した被災地の視点から語る者、経済学的視点から日米関係を捉える者らが筆をとっている。各執筆者は、在日米軍・自衛隊への見方や評価を異にするが、その複数性を尊重し、意見が一致するよりも多様な意見をぶつけあっている状態のほうが正常だし、そのほうが基地労働者の「声」を多角的に伝えることができると考え、あえてその点は調整をしていない。

それでは、そろそろ、基地労働者の目から見た、「戦後」と「災後」の日本をめぐる歴史や労働問題などなどを発掘する旅に出ることにして、新たな時代を迎える日本の「今後」の行く道について読み説くことにしたいが、その前にまずは、準備作業として、現在の基地労働者が、全国各地の米軍基地の中でどのような働き方をしているのかについて確認しておこう。

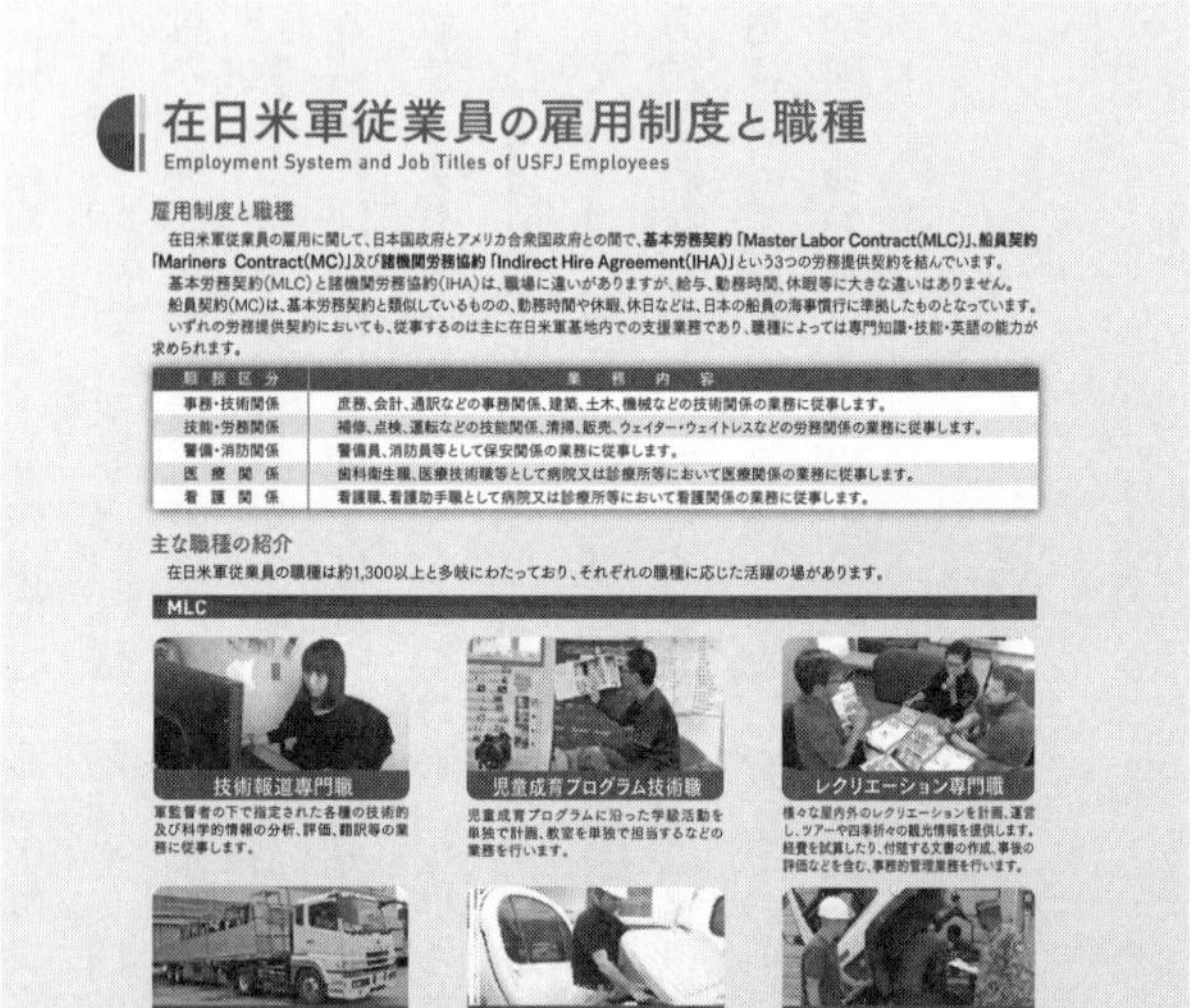

# 在日米軍従業員の雇用制度と職種

Employment System and Job Titles of USFJ Employees

## 雇用制度と職種

在日米軍従業員の雇用に関して、日本国政府とアメリカ合衆国政府との間で、**基本労務契約「Master Labor Contract(MLC)」**、**船員契約「Mariners Contract(MC)」**及び**諸機関労務協約「Indirect Hire Agreement(IHA)」**という3つの労務提供契約を結んでいます。

基本労務契約(MLC)と諸機関労務協約(IHA)は、職場に違いがありますが、給与、勤務時間、休暇等に大きな違いはありません。

船員契約(MC)は、基本労務契約と類似しているものの、勤務時間や休暇、休日などは、日本の船員の海事慣行に準拠したものとなっています。

いずれの労務提供契約においても、従事するのは主に在日米軍基地内での支援業務であり、職種によっては専門知識・技能・英語の能力が求められます。

| 職務区分 | 業務内容 |
|---|---|
| 事務・技術関係 | 庶務、会計、通訳などの事務関係、建築、土木、機械などの技術関係の業務に従事します。 |
| 技能・労務関係 | 補修、点検、運転などの技能関係、清掃、販売、ウェイター・ウェイトレスなどの労務関係の業務に従事します。 |
| 警備・消防関係 | 警備員、消防員等として保安関係の業務に従事します。 |
| 医療関係 | 歯科衛生職、医療技術職等として病院又は診療所等において医療関係の業務に従事します。 |
| 看護関係 | 看護職、看護助手職として病院又は診療所等において看護関係の業務に従事します。 |

## 主な職種の紹介

在日米軍従業員の職種は約1,300以上と多岐にわたっており、それぞれの職種に応じた活躍の場があります。

### MLC

**技術報道専門職**
軍監督者の下で指定された各種の技術的及び科学的情報の分析、評価、翻訳等の業務に従事します。

**児童成育プログラム技術職**
児童成育プログラムに沿った学級活動を単独で計画、教室を単独で担当するなどの業務を行います。

**レクリエーション専門職**
様々な屋内外のレクリエーションを計画、運営し、ツアーや四季折々の観光情報を提供します。経費を試算したり、付随する文書の作成、事後の評価などを含む、事務的管理業務を行います。

**重車両運転手**
貨物又は乗客輸送のため、バス(スクールバスを含む)積載量4トン以上10トン未満のトラック及びセミトレーラーのような重量自動車の運転などを行います。

**建物保守作業工**
建物及び構築物の定期的な保守点検及び修理などを行います。

**自動車機械工**
一般自動車、貨物トラック、バスなどの分解、オーバーホール、修理、部品の取替え、調節、再組立て及び最終的操作上の点検などを行います。

**警備員**
米軍人又は日本人監督者の監督の下に在日米軍施設において、正規の又は交替制の勤務で各種の警備任務などを行います。

**消防員(陸上)**
火災発生時に消防車で火災現場に出動し、水又は化学薬品を散布して消火作業などを行います。

**看護職**
診察や医療手当の準備、医師の指示に従って患者の手当等、総合的ケア、看護をします。血圧、脈拍等をとり、記録し報告等の業務を行います。

### IHA

**コック**
基地内のレストラン厨房にて、仕込み、調理、盛り付けなどを行います。

**販売事務職**
商品の説明、販売、陳列を行います。また、レジで金銭の取扱いなどを行います。

**ハウスキーパー職**
レクリエーション宿泊施設又は軍宿泊施設において、一般的な雑役用務と種々の顧客サービス形式の業務などを行います。

※MCには、職種が設けられていません。

在日米軍従業員の雇用制度と職種　04

出典：「在日米軍従業員募集案内」（駐留軍等労働者労務管理機構）

## 注

1　ＢＣＰについては、緒方順一・石丸英治『ＢＣＰ（事業継続計画）入門』（日本経済新聞出版社、二〇一二年）。

2　岡本正『災害復興法学Ⅱ』（慶應義塾大学出版会、二〇一八年）二〇九頁は、自然災害時の対策を含む危機管理対策に対するＢＣＰ整備を、取締役会の内部統制システムの構築義務と捉える。

3　内閣府防災担当『事業継続ガイドライン―あらゆる危機的事象を乗り越えるための戦略と対応―』（二〇一八年八月改訂版）。

4　ＮＢＣとは、核物質（N＝Nuclear）、生物剤（B＝Biological）、化学剤（C＝Chemical）のことで、これらが関係する災害を「ＮＢＣ災害」という。地下鉄サリン事件は、世界最初の非戦時下の「無差別Ｃ（科学）テロ災害」であった。この点は、Ｊレスキュー編集部編『ドキュメント東日本大震災　救助の最前線で』（イカロス出版、二〇一一年）一七頁。

5　カナリアは古くからヨーロッパで愛玩鳥として飼われた。美しいさえずりと人間によくなれて手乗りになったり、飼い主の手から餌を食べる習性があり、今では世界中で飼われている。「炭鉱のカナリア」とは、カナリアが毒ガスなどを微量でも探知すると、とたんに鳴かなくなるという習性をいかして石炭掘削などの危険探知に使われてきたことに由来する言葉である。

6　ＣＢＲＮＥは、化学（chemical）・生物（biological）・放射性物質（radiological）・核（nuclear）・爆発物（explosive）の総称であり、これらによって発生した災害は「ＣＢＲＮＥ災害」と称される。主に民間防衛の文脈において使われる言葉で、一九九〇年代以降のテロリズムの脅威に対する総称的概念である。この点は、濱口和久・江崎道朗・坂東忠信『日本版 民間防衛』（青林堂、二〇一八年）一三頁。

7　正式名称は、武力攻撃事態等における国民の保護のための措置に関する法律。

8　「戦災」の概念については、国家間の戦争だけではなく、国際紛争・テロといった事態も含むと捉えておく。山田省三「安保法制について考える」労働法律旬報一八五五・一八五六号（二〇一六年）一二頁は、「従来では戦争と言えば、国家同士の正規戦争や地位的紛争を意味していたが、むしろ現在では、大規模なテロを契機とする紛争に巻き込まれる危険性が増加している」と指摘する。

9　朝日新聞二〇一八年三月一九日。

10　朝日新聞二〇一八年四月五日。

11　朝日新聞二〇一八年九月二〇日。

12　日本経済新聞二〇一八年七月二四日。なお、布施祐仁『災害復興と「軍隊」の狭間で―戦う自衛隊の人づくり』（かもがわ出版、二〇一二年）は、自衛隊の災害復興時の活躍にも批判的な視点から論じている。

13　日本国との平和条約の効力の発生及び日本国とアメリカ合衆国との間の安全保障条約第三条に基づく行政協定の実施等に伴い国家公務員法等の一部を改正する法律（昭和二七年法律第一七四号）八条一項は「……アメリカ合衆国政府の責務を本邦において遂行する同国政府の職員のために労務に服する者で国が雇用する者（以下「駐留軍等労働者」という。）は、国家公務員ではない」と定めている。

第一章

# 米軍基地と基地労働者

## 第一節　基地労働の歴史と基地労働者が抱えるジレンマ

### 基地労働のはじまり

一九四五年八月一五日の終戦と共に、当時「進駐軍」や「占領軍」と呼ばれた米・英を中心とした連合国軍による占領が開始された。全国各地に所在した旧日本軍の基地をはじめ飛行場、港湾施設、通信施設、時にはホテルや役場なども次々と占領軍によって接収された。そして、そうした基地・施設の維持・管理、空襲で損壊した道路や橋梁の修理あるいは、軍需品の運搬作業などのため、「占領軍」が占領先の地方庁、市町村役場、警察署に対して労務調達を行ったのが現在の基地労働の始まりである。

当時の基地労働者は日雇労働が中心である。その後、常用雇用へと変遷した後も基本は「日給月給」であったことから、関連する法律などにおいては近年まで「駐留軍労務者」と呼ばれていた。一九九九年七月に公布された「地方分権推進法」によって、従来より、機関委任事務として関係都県が実施してきた基地労働者の労務管理事務が、二〇〇〇年四月一日に廃止されることとなった。しかし、この機関委任事務の廃止に伴う新たな労務管理体制として、独立行政法人に移行することが決まり、一九九九年一二月、「独立行政法人駐留軍等労働者労務管理機構法」が制定され、その文中において、ようやく基地労働者の呼称を「駐留軍等労働者」と規定することとなった。実に戦後五〇年以上もの間、基地労働者は「労務者」と呼ばれ続けてきたのである。ちなみに、一九七二年五月一五日まで米国の施政権下にあった沖縄の基地労働者は「軍雇用員」と呼ばれていた。

上の写真は、V-27海兵隊航空基地内での洗濯作業、下の写真は、V-28基地内で働く日本人労働者（いずれも、1946年）：米国立公文書館所蔵（横須賀市立中央図書館提供）『占領下の横須賀 連合軍の上陸とその時代』（横須賀市、2005年）90頁から引用。

## 基地労働者の身分の変遷

終戦直後の「日雇い」から始まった基地労働者は、一九四六年八月に「日本における調達規則及び手続」というGHQ（連合国最高司令官総司令部）の命令が発出されたことにより常用化が進んだ。同時に、全駐留軍労働組合（全駐労）の母体となる全国進駐軍労働組合同盟（全進同盟）の誕生によって、全国各地の労働組合の連帯合同が図られ、一九四六年一一月に日本政府（終戦連絡中央事務局「終連事務局」）[1]と労働協約を締結するに至った。この労働協約は、一九四七年九月に「特別調達庁」[2]が設置され、労務管理が終連事務局から特別調達庁に移管された際にも引き継がれた。しかし、一九四八年七月、GHQは政府に対して、公務員のストライキの禁止などを内容とする国家公務員法の改正を指示し、政府は法改正までの臨時の措置として、「マッカーサー書簡に基く臨時措置に関する政令二〇一号」を施行して対応した。臨時人事委員会（人事院の前身）が、基地労働者を国家公務員として取り扱うと判断したことにより、労働協約が一方的に失効し、争議権・団体交渉権も奪われることとなった。

こうしたことから、組合は、国家公務員法適用除外の国会闘争に取り組み、一九四八年一二月に国家公務員法を改正させ、労働三法が適用される特例的な国家公務員特別職に変更させることに成功し、再び団結権や団体交渉権を確保することとなった。しかし、一九五〇年六月の朝鮮戦争勃発により、日本に対する連合国の占領政策は早期講和と日米協力体制へシフトし、一九五一年九月八日、サンフランシスコにおいて、日本と米国など四七ヶ国との間で対日平和条約（講和条約）が調印され、一九五二年四月二八日、その発効により占領は終結して日本は独立を回復した。

講和条約が発効した四月二八日には、旧安保条約（「日本国とアメリカ合衆国との間の安全保障条約」）と日米行政協定が発効し、基地労働者の身分は、同年六月一〇日に公布された「日本国との平和条約の効力の発生及び日本国とアメリカ合衆国との間の安全保障条約第三条に基く行政協定等の実施等に伴い国家公務員法等の一部を改正する等の法律（一九五二年法律第一七四号）」の八条において、駐留軍等労働者（当時は、駐留軍労務者）の身分を国家公務員でないとし、九条において、その給与、勤務条件は、生計費、国家公務員及び民間事業の従業員の給与、勤務条件を考慮して調達庁長官（現在は防衛大臣）が定めるとされ現在に至る。なお、基地労働者の労働組合である全進同盟は、講和条約が発効した一九五二年四月二八日に「全駐留軍労働組合（全駐労）」と改称した。

## 基地労働者の特異な雇用方式

基地労働者（次頁の図では、正式名称の駐留軍等労働者と記している）の雇用主は、日本政府（防衛省）であるが、労働者に対する直接的な指揮・命令などの労務管理権は米軍にある。つまり、雇用主＝防衛省、使用主＝米軍という労働者派遣にも似た「間接雇用」となっている。

基地労働者の労務管理方式が「間接雇用」となった背景として、講和条約と共に発効した日米行政協定の内容を取り決めるにあたり、日本政府部内における労働省と特別調達庁との対立があった。当時、労働省は、北大西洋条約機構（ＮＡＴＯ）に準拠して軍直接雇用により労働法を完全に適用すると主張したが、特別調達庁は、二三万人の基地労働者の労務管理を将来、軍直接雇用にしていくことは過去の経験から不可能であり、従来の労務管理方式を踏襲するとの考えであった。組合もまた、日本政府が基地労働者の労務管理に一切関与できない直接雇用には反対であった。

かくして、労働省と特別調達庁との意見相違および組合（全進同盟）の主張をギリギリまで調整した結果、組合が反対した軍直接雇用は間接雇用に、そして、労働三法の適用と社会保険その他の法律の適用を日米双方が認めるに至り、一九五二年二月二八日、日米両政府により東京で調印された。この日米行政協定による基地労働者の労務に関する条文[3]は、一九六〇年六

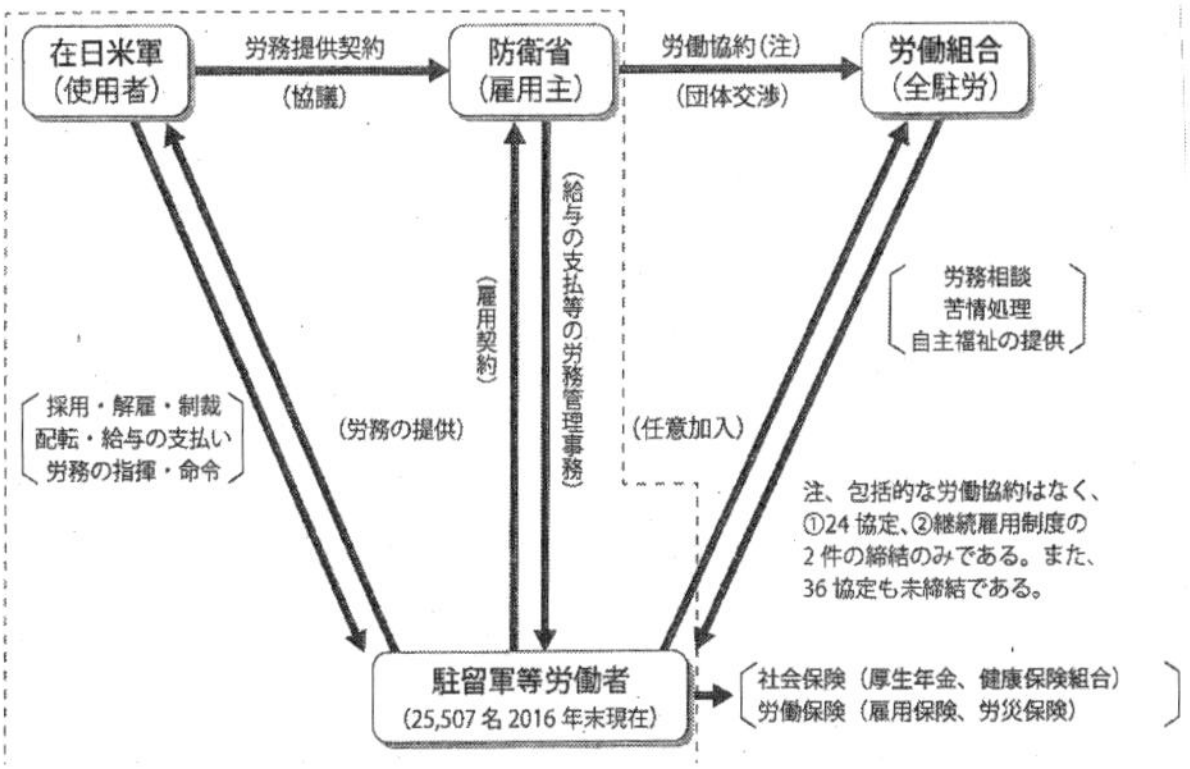

全駐労初のゼネスト

12日午前6時から48時間突入

整然十五万の共闘成る

挑発行為に厳重抗議

デモ隊に発砲

宿舎から立退命令

秋季闘争の突破口開かる

三單産の闘争支援

常幹声明

總評

統一スローガン

スト参加状況

全駐労による基地労働者15万人が日米行政協定にかかわる「日米労務基本契約」改定問題で、初めてのゼネラルストライキを行った。日本炭鉱労働組合・全自動車労働組合との統一ストライキとなった（総評新聞1953年8月14日）。炭労のストライキは、「英雄なき113日間の闘い」とも称された、第一次三井三池争議として点火していくことになる。

月二三日に発効した日米地位協定に引き継がれ現在に至っている。

## 基地労働者のジレンマ

ここで、つぎのような問題提起をしたい。基地労働者のこの特異な雇用方式や身分は、いかなる法律に基づき成立しているのか。そして、今後、基地労働者はどうあるべきなのか。

基地労働者の身分は、国（防衛省）が雇用する者であるが国家公務員ではなく、建前上は労働三権が保障される民間労働者である。他方、基地労働者に対する実質的な指揮・命令権を持っている米軍は、日米地位協定の排他的基地管理権[4]によって、国内労働法令を遵守する義務を負わず法令違反があっても処罰されることはない。主な法令違反を挙げると、①三六協定の締結がないまま時間外労働および休日労働が常態化している（労働基準法三六条違反）、②労働基準監督官の立ち入り制限（労働基準法一〇一条違反）、③就業規則の作成・届け出をしていない（労働基準法八九条違反）、④労働安全衛生委員会が設置されていない（労働安全衛生法一七条・一八条・一九条違反）、⑤米軍基地内においては、日常組合活動が休憩時間中といえども禁止されている（労働組合法七条違反）などである。これら法令違反を正そうとする試みは何十年も前から続けられてはいるものの、雇用主責任を負う防衛省において、実際に基地労働者の労務管理を行っているのは、二〜三年ほどで異動してしまう国家公務員たる防衛省職員のため雇用主としての自覚は希薄である。

一九七八年から始まった、いわゆる「思いやり予算」や一九九一年からの「新特別協定」によって、基地労働者の労務費が日本側負担となったことから、基地労働者が長年にわたって強いられてきた「首切り合理化」の不安は遠のいた。他方、国家公務員準拠の原則による月例給・諸手当以外の財政負担を伴う労働条件改善については、解決困難な状況が続いている。また、日米地位協定二四条により本来は米側負担とすべき基地労働者の雇用に係る経費（労務費）は、原則五年毎に更改される特別協定によって日本政府が負担していることから、国の予算を握っている財務省や国会という労使関係外のハードルを乗り越えねばならないというジレンマが生じている。私たち基地労働者は、日米同盟、そして日本の平和維持に少なからず寄与する「純粋公共財」であると自負している。それにもかかわらず、終戦以来ずっと不安定な雇用身分におかれ、特異な雇用方式によって労使関係すら責任の所在が曖昧なままである。特別協定によって基地労働者の労務費が日本政府負担になったとはいえ、予算計上されるのは人件費としてではなく防衛省予算の物件費として扱われ、民主党政権の時にはあの「事業仕分け」の対象とされたり「政策コンテスト」にかけられもした。米軍基地が所在する都府県や市区町村は、米軍基地の整理縮小を求め跡地利用計画は策定しても基地労働者の雇用については何ら言及していない。「官」でもなく、さりとて純粋な「民」でもない曖昧な存在。そして、米軍基地のフェンスというベールに包まれて、外からでは、就労実態がよくわからない存在。それが基地労働者なのである。

## 基地労働者から見た米軍

一九四五年の終戦以来、七五有余年が過ぎた現在もなお、日本国内に米軍基地が存在し続けていることについての是非は、沖縄の米軍基地問題や日本に駐留する米軍人・軍属が関係する事件・事故が発生するたびに否定的な論調で取り扱われてきた。そして、その批判の背景には、米国に優位な条文を内在している日米地位協定が関係していることは論をまたない。しからば、その米軍基地で働く労働者からは、米軍基地や駐留している米軍人・軍属の存在はどう見えるのであろう。基地労働者から見た「良い米軍、悪い米軍」の一例を紹介したい。

ＳＮＳなどの情報伝達ツールが発達したことによって、二〇一一年三月一一日に発生した東日本大震災における米軍の救援活動が「トモダチ作戦」として、多くの日本国民の間で好意的に伝わった。しかし、それ以前の一九九五年一月一七日に発生した阪神淡路大震災の際にも、米軍による迅速な救援活動が行われた事実を知る人はあまり多くない。神奈川県在日米陸軍施設の相模補給廠では、多くの基地労働者が通常業務を離れ、昼夜を徹して消火栓から七千を超える携行缶に水を汲み、パッキングして横田基地へ運び米軍輸送機で被災地へ送り出した。その他、四万二千枚余りの毛布、大型テント二〇張、プラスチックシート一七〇巻も救援物資として提供した。被災地から一番近い米軍基地の米海兵隊岩国飛行場からも毛布などの支援物資に加え、相模補給廠から送られたテント設営などのため人的支援として九〇名ほどの兵士が支援活動を行った。当時は、自衛隊の災害派遣でさえ自治体からの要請を必要としていたが、この阪神淡路大震災をきっかけとして災害救援のあり方が整備され、そこには自衛隊ばかりでなく米軍も協力できる体制が整えられた。その結果として「トモダチ作戦」につながったのである。こうした「良い米軍」の側面は組織的なものだけにとどまらない。赴任先である日本の文化に触れ日本人と交流することで、良き友人・隣人でありたいと、大半の軍人や軍属およびその家族達は、個人あるいはグループで米軍基地周辺の住民や各種団体と交流し、ボランティア活動なども積極的に行っている。

それでは基地労働者から見た「悪い米軍」とはいかなるものであろうか。一言で言えば、何をするにも「米国仕様」なところであろう。米国へ輸出する日本車は、左ハンドルに変更し、時には、北米でしか販売しない車種まで作っているが、米国車は、右ハンドルの日本仕様をほとんど作らないことと似ている。その証拠に、日本国内にある米軍基地のフェンスの中は、米国そのものである。基地内の道路は、その道幅やルートに応じてブルーバード、ロード、ストリート、アベニューに区別され、それぞれの基地にゆかりのある名称が付けられている。米軍基地内で飲食や買い物をする時の通貨も米ドルだ。この「米国仕様」が、米軍関係者による事件・事故や騒音問題などへの対応姿勢に反映され地域住民の感情を害することにつながっている。それればかりか、基地労働者の労務管理においても時として軋轢を生じさせる。米軍は世界中どこででも可能な限り米国のルールで動きたいし、被駐留国のルールに従うことによって自国の利益を損ないたくないのだ。そのため、日本国内法では違反であったり認められていない労働者の取り扱いであっても米国の法律や軍のルールに反しない限り従わせようとするのである。もちろん、心ある米軍監督者や労務担当者もいるが、「軍の方針」の前ではあまりにも無力だ。

## 「米国仕様」による問題事例

ここで、近年起こった基地労働者に対する労務管理上の問題について、「米国仕様」の特徴が如実に表れた事例として紹介したい。それは、二〇一九年五月一六日「東京新聞」朝刊がスクープし、大手新聞社・通信社やＮＨＫまでもがニュースとして取り上げた米海軍佐世保基地における日米地位協定違反事件だ。事案の概要は、佐世保基地の米人警備隊長が、日本人警備員に銃を携行させたまま公道を徒歩で移動させたというものであり、日米地位協定違反といえる事件だ。日本人警備員は、米軍の指揮管理の下で銃器の所持・使用が認められているが、それは、米軍基地・区域内に限られている。したがって、日本人警備員が銃器を携行したまま基地の外へ出れば、たちまち銃刀法違反に該当する。また、日本人警備員の銃器使用は、刑法三六条一項の正当防衛および三七条一項の緊急避難に該当する事態が発生した場合に限られる。このルールは一九五二年一二月三〇日に開催された第三四回日米合同委員会で確認された日米間の約束事である。[5]しかし、このルールが取り決められた以降も、たびたび同種の事件が発生し、何度か国会でも取り上げられてきた。それにもかかわらず、二〇一九年にも佐世保基地で同じ事件が繰り返されてしまった。

この佐世保基地の事案では、報道前の四月中旬の段階ですでに組合は違法な指示が出されていることをキャッチし、雇用主・防衛省に違法行為が行われることのないよう申し入れていた。防衛省もまた組合からの情報提供を重く見て、在日米軍司令部に事実確認と違反行為の防止を要請していたが、五月の一〇連休中に違法な命令が実行されてしまった。違法行為が強行された事実を把握した現地の全駐労長崎地区本部は、佐世保防衛事務所を通じて即時中止を求めたが、軍側は米軍法務部の確認を得ているとして取り合わなかった。このままでは埒があかないと判断した全駐労中央本部は、佐世保警備隊長の暴走を止めるべく、マスコミに情報提供して問題を顕在化させることにした。センセーショナルな報道によって世論を巻き込み政治的な問題にさせるよりほかは、組合員でもある日本人警備員の生命を守り、違法行為から逃れさせる術がないと判断した結果なのである。

それではなぜ、このような事案が繰り返されてしまうのか。一言でいえば、米国が銃社会だからだ。州によって程度の差こそあれ、米国内では善良な一般市民が銃器を所持することは「権利」として認められている。それどころか、銃器を目立たぬよう隠して所持するより他人に不安を与えず護身にもつながるとして、ライフルやサブマシンガンを街中で公然と背負うオープン・キャリーを推奨する人達さえ存在する。そうした銃社会で生まれ育った米国人にとって、米軍基地の保安任務に就く日本人警備員が銃器を所持することは当然であり、日米地位協定の許容範囲を逸脱した場合、日本の法律を犯すことになるという概念がない。したがって、違法な事案が発生してしばらくは同種の問題は起こらないが、米軍の保安責任者が交代するごとに記憶と記録は徐々に薄れ、いつしかまた「米国仕様」に戻って問題が再発してしまうのである。

## 労使交渉の難しさと限界

ここで取り上げた佐世保基地の日米地位協定違反事件は、「悪い米軍」による基地労働者の労務管理上の問題事例として紹介したが、一方では労使交渉の難しさと限界をも表している。つまり、基地労働者が抱える労務問題は、時に労使関係性の範疇では解決し得ない国際条約と国内法の優劣や省庁間の力関係に左右されてしまうからである。佐世保警備員の事案を例に挙げれば、基地労働者の雇用主である防衛省は、米軍に違反行為を行わないよう求めたが強行された結果、日米地位協定上の問題に発展したため、外務省マターとして米国大使館をも巻き込んだ末に、ようやくストップが掛かった。本来であれば、防衛省と組合との労使関係性の範疇で解決することが望ましかったし、外務省には団体交渉の応諾義務はないため、組合ができることは支持協力関係にある国会議員の仲介による陳情要請が限界だ。基地労働者全体に関わる問題であれば、ストライキなどの労働争議に打って出ることも可能だが、佐世保基地の警備隊という限定された職場の問題となると、組合内の意思統一を図るには相当な時間と労力を要してしまう。組合に残された手段は、マスコミを通じて世論に訴えることにより、政治的な動きに期待する他はなかったわけである。しかし、ある程度予想していたとはいえマスコミ報道のハレーションは大きく、労務問題としてばかりでなく地元佐世保市を巻き込んだ社会問題にまで発展してしまった。

基地労働者が抱える労使交渉の難しさと限界は、事例を挙げれば枚挙に暇がないが、基地労働者の制裁（懲戒）解雇案件などは、雇用主・防衛省側が十分な検証を行わず、もしくは、意見相違があっても米側に抗しきれずに承認してしまうことで民事訴訟に発展するケースも少なくない。また、基地労働者の賃金・労働条件をめぐる交渉においても、米側にとっては、ある種の外交交渉であるため、必ずといっていいほど「トレードオフ」を求められる。基地労働者の要求を聞いてやる代わりに米軍が求めるものも受け入れろというわけだ。誤解を恐れず言えば、沖縄では「新基地建設」と呼んで反対している辺野古の普天間代替施設問題も「トレードオフ」の考え方による日米政府間交渉の産物と言えるのではないだろうか。

## 基地労働者が求めるステータス確立

基地労働の歴史や基地労働者が抱えるジレンマについてのほとんどは本土の基地労働者が

辿ってきたものであり、終戦から本土復帰を果たした一九七二年五月一五日まで米国の施政権下にあった沖縄の軍雇用員は、米国の植民地政策に等しい差別的な扱いを受けてきた。例えば、二〇一五年に安保法制が成立し自衛隊を海外へ派遣できるようになったが、それよりずっと以前のベトナム戦争時代に沖縄のタグボート乗組員の軍雇用員は、軍需物資の補給支援要員としてベトナムの戦地へ行かされた経験もある。民間人であるにもかかわらず、まさに死と隣り合わせの状況下で労働を強いられたのだ。沖縄の軍雇用員には、そうした困難な歴史があるということを付け加えさせていただきたい。その上で、基地労働者は形ばかりの労働三権が保障されてはいるものの、まるで裸の王様なのだということを強く訴えたい。防衛省が雇用主であるにもかかわらず、基地労働者に関わる重要な外交交渉においては外務省が主導権を握り、労務費関係予算の査定と決定権限を持っているのは財務省と国会、そして国内法より優位にあるとされている日米地位協定。これら労使関係性だけでは如何ともしがたい大きな壁が、私たちの前に立ちはだかっているという事実にどう対峙していけば良いのか。基地労働者を代表する私たち全駐労は、二〇〇九年に「ステータス確立」すなわち、戦後七五有余年が経過してもなお曖昧なままであり続けている基地労働者としての身分に法的な根拠を与え、国が雇用する労働者としての権利と義務を明確にさせるという運動方針を決定した。しかし、方針決定から一〇年が経とうとしている今日においてもなおステータス確立の実現はおろか、その道筋さえつけられずにいる。私たち基地労働者が目指すべきステータス確立の姿が見出せることを切望している。

## 第二節　基地労働者と間接雇用の出発点

### 基地労働者と間接雇用の出発点

「戦後」から「災後」―例えば、一九九五年の阪神淡路大震災・オウム真理教事件および二〇一一年の東日本大震災事件・福島第一原発事件などの後―、そして、二〇二〇年の世界的なコロナ禍に見舞われた「今日」の日本においてかわらないことがある。それは、日本に米軍基地が存続していることであり、基地労働者が日本の空間からゲートを通り抜け、フェンスに囲まれたアメリカの空間に移動して働き続けていることである。その労働を象徴するように、基地労働者は間接雇用によって日本国に雇われ、米軍に提供され続けてきた。ここではこの歴史的経緯を確認する。

戦後の米国の対日占領政策には、二つの変遷があった。[6] 第一の変遷は、ドイツ・朝鮮のような分割統治案もあったが、占領軍（進駐軍、連合軍あるいは米軍）が日本本土を単独占領したことである。第二の変遷は、ドイツ・朝鮮・沖縄のような直接統治案もあったが、歴史的偶然によって間接統治が選択され、GHQとマッカーサーの軍政が、日本政府を通じた間接統治を行ったことである。日本本土がGHQによって間接統治されたことは、基地労働者の間接雇用が選択された歴史的出発点となった。[7]

## 占領当初の「労務調達」[8]

一九四五年八月一五日、日本のポツダム宣言受諾によって第二次世界大戦は終結した。占領軍は必要物資を全て陸揚し、進駐当初、現地調達の対象となる糧食・被服・酒・医療材料なども自給態勢をとって進駐した。飛行場・港湾施設・兵舎などの不動産は現地調達の必要があった。占領軍は使用する飛行場・工場・兵舎などの清掃整備、道路・橋梁の修理舗装、軍需品の運搬作業などへの労務の供出要求（「労務調達」）を、日本政府の地方庁・市町村・警察署などに行った。八月二六日、日本政府は終戦連絡中央事務局と占領軍の地方軍政部に対応する形で地方事務局を設置した。GHQの占領政策は、連合国軍最高司令官指令（以下、「SCAP指令」）を日本政府に伝達し、この指令を日本政府が法令化して各都道府県庁へ下達し、その実施を各地に配置された「米軍第八軍下の地方軍政団」が監視するという、間接統治を行った。[9]

九月三日、GHQはSCAP指令二号[10]によって、「主要占領地域の各々に設置される中央政府の出先機関を通じ、連合国軍最高司令官または各自の区域における占領軍司令官により指示される量、訓練および熟練度の労務を、指定された期日および場所で提供するものとする」との方針を示し、日本政府を通じて日本人労働者を調達する、事実上の「間接雇用」を命令した。いわゆる「進駐軍労働」の始まりである。占領軍使用のために供給される労務・物資などの必要な経費は、すべて日本政府が終戦処理費として負担した。当初、この方式は徹底せず、手続きの基準もないままに、占領軍の個別部隊が必要とする労働者の供出を現地の地方庁・市町村・警察などに口頭やメモで命令することもあった。

一九四六年八月二三日、GHQは「日本における調達規則及び手続」を発出し、占領軍の労務調達を日本政府に要求する場合には、要求労務者の数・出頭場所・労務要求期間を特記した「労務要求書（LR：Labor Requisition for Military Units）」によるべきことを指示した。LRが発せられると、これに基づいて終戦連絡中央事務局は進駐軍要員を募集して占領軍に提供した。この間接雇用による労働者は、「L・R（政府雇傭）労働者」と呼ばれた。一九四七年七月三〇日のL・R労働者の数は二五万六三四七名の膨大な数になった。

　この頃のL・R労働者の労働実態は、つぎのようなものであった。「米軍を恐れていた国民も、生活難と就職難に迫られ、なんとか働かなければならず、また米軍がさほど危害をくわえるものではないことがだんだんと分ってきて、基地の周辺には職を求める労働者が集まってくるようになった。労務の提供も沖仲士、荷揚人夫から事務員、翻訳、大工、左官、配管工などの技術者、ボーイ、コックなどまで職種と人員が拡大されていった。……集まった労務者は土建業者の手により、それぞれ米軍の要求する作業に充当され、一日の作業が終わればその日の賃金と労務加配米を受取るという日傭の形態をとっていた。このような日傭の形態も、やがて米軍の方から慣れた労務者を指名してくるようになり、順次、一定の職場に固定して作業をするようにしたがい、純然たる日傭から常傭的日傭に移り変わっていった」「職場での問題は、土建業者の中間搾取反対の要求であり、労務加配米その他厚生物資の獲得、さらに、身分の安定を求める日傭から常傭への切替えの要求であった。そして、これらの要求を獲得するための労働組合の結成へと発展していった」「ほとんど日傭の形態をとっており、土建業者によって供給されていた。この仲介業者は一応、労務提供を軌道にのせる役割を果たしたが、反面、この仲介業者のピンハネは各地で問題となっていた。結成された組合がまず取りあげたのは、仲介業者による中間搾取の排除であり、それは日傭から常傭への切替えの要求となり、また、厚生物資の要求などを日本政府機関に提出して活動をはじめた」「土建業者のいろいろな干渉や妨害を排除して、進駐軍労働者の労務管理は土建業者の手から勤労者の手に完全に移り、……十数万といわれた労働者が日傭から解放され、より安定した常傭へと身分が切り替えられていった」[11]。

## 特別調達庁への改組・調達庁への改組と「労務基本契約」「基本労務契約」「船員契約」

一九四七年九月一日、進駐軍の労務管理は、終戦連絡中央事務局から特別調達庁に移管された。一九五〇年六月、朝鮮戦争が勃発し、米国の対日講和の動きが加速した。

一九五一年六月二三日、特別調達庁と米国政府の調達機関との契約に関して、「労務基本契約」が締結された。その主な内容は、つぎのようなものであった。①日本政府は、極東軍の管轄地域内で、米軍政府が要求する労務を提供しなければならない。②米国政府が要求する労務

東京富士紡ビルのリーダース・ダイジェストの分室でそろばんを使っている日本人事務員。兵士2人が物珍しそうに見ている（1947年5月16日）。

GHQで働く日本人従業員の定期健診をしている、大蔵省ビルの診療所の山本医師（1947年5月27日）。

日本人ウェートレスがコーヒーとドーナッツを給仕している（1947年6月30日）。

感謝祭で米兵と一緒に七面鳥を切ってお祝いの準備をしている日本人コック（1947年11月21日）。

米第49軍総合病院附属病院で本を借りる米軍要員達。着物姿の日本人女性は図書館の司書（1947年12月23日）。

の提供に要した経費は、後日、米国政府から日本政府に償還される。③労務調達の要求は、権限のある労務士官が発出する「労務調達要求書（LSO：Labor Service Order）」[12]によって行われる。④提供される労働者は、全て日本政府の被雇用者である。この結果、占領軍のうち米軍に対する労務提供は、七月一日以降は、原則的に、間接雇用である労務基本契約によって日本政府が労働者を調達し米軍に提供するという雇用形態がとられることになった。九月八日、日本は米国など四七ヶ国との間でサンフランシスコ講和条約を調印した。同条約の調印日、日米両政府は、旧日米安保条約に調印した。

現在の東京・文京区の後楽園一体から北区・板橋区にかけては旧日本軍の補給廠がいくつかあった。戦後はすべて米軍に接収され、米軍各部隊の兵器廠となり各種兵器の製造・修理工場となった。朝鮮戦争勃発で、これらの工場はフル稼働となった。写真は、東京第22大隊兵器廠でM24戦車を修理する日本人。同様に、次頁の写真は、いずれも朝鮮戦争時の基地労働者である。

一九五二年四月一日、特別調達庁は調達庁へ改組された。四月二八日、サンフランシスコ講和条約発効によって、日本は独立を回復した。旧日米安保条約は「平和条約及びこの条約の効力発効と同時に、アメリカ合衆国の

東京兵器センターの30口径M１ライフルの組み立て工場。1952年2月8日

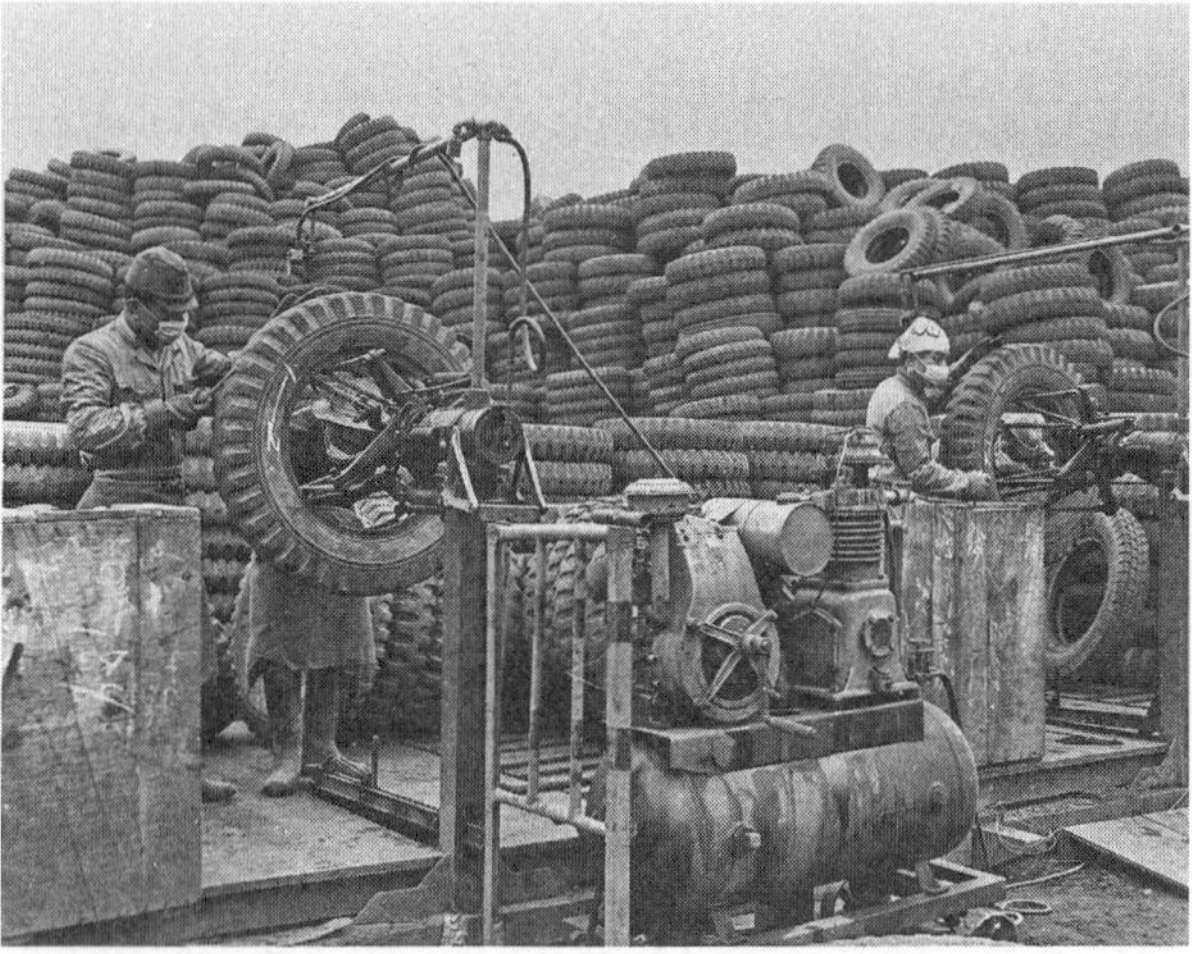

米軍の古タイヤを再生するための検査。東京兵器廠で。1952年2月8日

米軍の「東京兵器センター」の皮工場で働く日本人従業員。ここでは将兵の軍靴や鞄などの革製品を製造している（1952年2月8日）。

東京の輸送兵站部隊に運び込まれた前線兵士の洗濯物の山。寝袋にくるまれている洗濯物をほどく日本人たち（1952年2月8日）。

陸軍、空軍及び海軍は日本国内及びその付近に配置する権限を、日本国は、許与し、アメリカ合衆国は、これを受託」し（一条）、その「配備を規律する条件は、両国間の行政協定で決定する」（三条）と定めていたことから、引き続き、米軍は日本国内に駐留し、進駐軍労働は駐留軍労働に切り替わった。同年四月末の基地労働者の総数は二二万一八六四名であった。旧日米安保条約とともに発効した、日米行政協定一二条四項は、「合衆国軍隊又は軍属の現地の労務に対する需給は、日本国の当局の援助を得て充足する」と規定していたことから、基地労働者の取扱いは、日本政府（調達庁）を雇用主とする間接雇用により雇用され、米軍に提供された。一九五七年一〇月一日、日米行政協定一二条四項に基づき、調達庁と米軍との関係において基本労務契約（ＭＬＣ）が発効し、一九五八年五月、船員契約（ＭＣ）も発効した。八月一日、調達庁は防衛庁に置かれる外局となった。

### 諸機関労務協約の締結と調達庁から防衛施設庁への改組、さらに防衛省への統合

一九六〇年一月九日には新日米安保条約、一月一九日には日米地位協定がワシントンで調印された。一九六一年一二月一六日、調達庁は米軍との間で諸機関労務協約（ＩＨＡ）を締結した。全駐留軍労働組合（全駐労）は、在日米軍の本来的な駐留目的以外の活動に必要な売店

（PX）・下士官クラブなどの労働者、すなわち、「直傭労働者（米軍が直接的に雇用する労働者）」については、つぎのような労働問題があることを問題視していた。[13] すなわち、直傭労働者は、間接雇用による政府雇用労働者（ＭＬＣ）と比較した場合、賃金その他の労働条件が劣悪であるだけではなく、労使紛争が頻繁に起こったり、米軍による労働組合法七条に違反する不当労働行為が続発しているにもかかわらず、裁判管轄権（最終的な身分保障）が日本側にないという問題があった。このため、日本政府の法的責任が明確化される雇用形態である、間接雇用を直傭労働者にも拡大すべきであると主張した。ＩＨＡの締結は、ＭＬＣと比較しても、いまだに労使紛争の種を残存させ、不満が残る部分があるものの、基地労働者の長年来の要求が実現したと評価できる。これをもって、今日の基地労働者の雇用形態である間接雇用のＭＬＣ・ＭＣ・ＩＨＡという三つの労務供給契約が出そろった。調達庁と都道府県が一体となって労務管理の事務を行う体制は、一九六二年一一月一日に防衛施設庁が発足した後も継続し、国と地方公共団体の事務の区分の再整理がなされた、二〇〇一年三月まで継続した。二〇〇七年九月、防衛施設庁は防衛省に統合され、基地労働者の担当部局は内局の地方協力局となった。

なお、沖縄の「軍労働」については、米軍統治下にあった、一九七二年五月一五日の本土復帰までの沖縄では、米軍は軍雇用員と呼称された基地労働者を直接雇用した。米軍と直接対決して、闘った全沖縄軍労働組合（全軍労）が、「祖国復帰運動」において活躍した出来事は、戦後沖縄史の貴重な一場面であった。この点は、第二章であらためて述べることにする。

## 第三節　基地内外の社会関係と労働運動

### 「日本的」な労使関係と雇用関係の形成

ここまでの説明により、在日米軍基地の労働者の「特殊性」が明らかになった。発足当初から基地労働者は困難な状況に置かれていたことがうかがえる。本節と次節はこの点を踏まえた上で、基地内の労使関係および雇用関係の特徴を基地外との対比により捉え直し、基地労働者の活動の意義を示したいと思う。

第二次大戦後、GHQが日本の「非軍事化」「民主化」「経済改革」を推し進め、民主化の五大改革のひとつとして労働組合の結成を奨励した。団結権・団体交渉権・団体行動権（労働三権）が憲法で認められ、労働基準法・労働組合法・労働関係調整法（労働三法）が制定される。労働者たちは国家による動員・統制から解放され、労働組合結成の動きは瞬く間に広がった。労働運動は一気に盛り上がりをみせた。しかし、GHQは、当初想定していた以上の社会的影響力を懸念し、一九四七年一月三一日、「二・一ゼネスト」の禁止声明を出すに至る。これが大きな転機となって労働運動は下火になった。この動きに連動する形で、財界の中核をなす大企業が主導的な役割を果たしながら、階級闘争的な労働組合を切り崩していく。各企業は自社内に協調的労使関係を制度化し、「わが社の発展」と「社員の幸せ」は矛盾しないとの経営思想を浸透させ、労働者を組織に取り込み「やる気」を引き出す労務管理を整備した。ジェームズ・アベグレンが『日本的経営』（一九五八年）で定式化して以降、終身雇用・年功序列・企業内組合の「三種の神器」が戦後日本の経済発展を支えたとして世の中に広まったのである。

もっとも、改めて戦後の労使関係や労働慣行を見返すと、「日本的経営」の理念は実態と異なる点が多々あり、そこから除外された人が数多く存在したことがわかる。日本人の半数を占める女性、日本企業の大半である中小企業で働く者たち、外国人労働者のうちの多くは、雇用を守られていたわけではないし、同一企業内で定年までキャリアを積み上げたわけでもない。しかし、彼ら・彼女たちは「主流派」や「中核部」の人たちを〈補う関係〉にあるとみなされ、戦後の発展の物語と企業社会の中に「周辺部」とはいえ位置づけられていた。かくして、大方の者にとって、「日本的経営」に基づく「発展の物語」は説得力を持ち得たのである。

## 基地を取り巻く社会関係の特殊性

ところが、「日本的経営」に基づく「戦後の物語」から完全に排除され、なきものにされた労働者が存在した。衰退産業や消えゆく仕事、偏見を持たれたり差別を受けたりする仕事、非合法な仕事、カテゴライズされにくい仕事などに従事した者たちであり、加えて、階級闘争的な運動路線を堅持した労働者たちである。[14] そして、米軍基地で働く人たちもその一群に含まれた。米軍基地の労働者は、一九五〇年末、本土に限っても二七万二四一五人いた。[15] これほどまでに多くの者が、勤務先に貢献すれば雇用と右肩上がりの賃金を保障される、という「戦後の物語」の外に置かれていたのだ。もっとも、より大きな枠組に位置づけ直せば、戦後の日本経済を支えてきたと言えなくはない。なぜなら、日本人の大半は、好むと好まざるとに関わらず米軍の庇護の下で経済活動に注力し、経済活動に向けて家庭生活や学校生活を整え集約してきたが、米軍基地で働く人たちはこのような社会制度の大枠の維持に貢献してきたからであり、その観点からみれば、間接的にとはいえ、日本の経済活動を支えてきたと捉えられなくはないからである。しかし、当時の風潮として、そのような解釈は許されなかった。例えば、砂川闘争などの基地反対運動が盛んな時代には批判の矢面に立たされ、その後も基地縮小と雇用死守との狭間で苦悩し、「戦後の物語」の表だったアクターにはなりえなかったのである。

砂川闘争は、東京都北多摩郡砂川町（現在の立川市）付近にあった在日米軍立川飛行場の拡張をめぐり、特に、1957年（昭和32年）7月8日に特別調達庁東京調達局が強制測量をした際に、基地拡張に反対するデモ隊の一部が、米軍基地の立ち入り禁止の境界柵を壊し、基地内に数メートル立ち入ったとして、デモ隊のうち7名が日本国とアメリカ合衆国との間の安全保障条約３条に基づく行政協定（現在の地位協定の前身）違反で起訴された事件である。

基地における労使関係と雇用関係は、いわゆる「日本的経営」とは異なることが理解できた。では、具体的にいかなる形をとったのか。

基地を取り巻く社会関係と法制度を簡単に説明すると、基地内では日米安全保障条約と日米地位協定が最優先され、憲法をはじめとする日本の法規は実質的にそれらの下位に置かれてきた。日本の労働法も適用外である。就業規則、雇用条件、作業条件は、米軍との協議や交渉を経て、そして米軍による同意がなければ、定めたり変更したりすることすらできない。

基地内の労使関係と管理関係は複雑で

ある。前節までに詳述したように、雇用主は日本政府であるが、使用者は米軍であり、基地労働者は、今日、社会問題化するはるか前から派遣社員のような働き方をしてきた。占領時、日本政府は米軍の意をくんで人手をかき集め、労働者管理は米軍が行った。土木建築業者などの請負業者が間に入り、実質的な管理運営を任されたケースもあったが、いずれにせよ、労働者管理はずさんであった。無秩序な状態を改善するために、基地の労働組合は、日本政府に対して管理運営を責任もって行うように働きかけた。しかし、日本政府による「一元管理方式」は叶わず、使用者である米軍側の管理権も認めた日米の「共同管理方式」に落ち着いた。今もって、日本政府が雇用し米軍に供給する「間接雇用方式」が採用されている。

### 基地における労働運動

基地の労働者を取り巻く雇用関係、労使関係、管理関係は複雑である。労働者にとって深刻な問題は、それらの関係が曖昧なため、日米間の力関係により労働者の雇用条件、労働条件、働き方が恣意的に決められてきた点であり、責任の所在が不明確な点である。米軍による組合および組合員に対する嫌がらせや弾圧は日常茶飯事であった。組合専従者の給与は打ち切られ、ストライキは事実上禁止され、休憩時間の組合活動ですら禁じられた。最たる嫌がらせは、米軍による見せしめ的な解雇である。「保安解雇」という名の不当解雇であり、そのほとんどは組合弾圧であった。

誤解を恐れずに言えば、基地の労働者はいまだ米国の占領下に置かれている。そのため、一方で、日本の労働者としての権利を蔑ろにされてきたわけであるが、他方で、理不尽な状況に置かれてきたからこそ、労働運動を続けてきたし、続けざるを得なかったのだ。労働組合は、不当な解雇や処遇に対して強く抗議し、撤回を求めてきた。調達庁[16]に改善を訴え、調達庁は在日米軍との協議を経て組合に改善案を出す、という手続きを踏んだ。それでは埒があかないことが多かったため、労働委員会や裁判所などの第三機関に救済を求め、組合弾圧と恣意的な解雇の不当性を明らかにした。しかし、米軍は救済命令にも従わない。不当解雇を撤回するそぶりすら見せなかった。日米地位協定一二条六項（b）（d）により、米国側が希望しなければ、裁判所または労働委員会の決定でも就労させないことが事実上可能であり、雇用の継続は保障されなかったのである。

しかし、組合はこの状況を甘受しなかった。ストも辞さず、抗議行動を繰り広げた。過去の組合紙に目を通すと、ひっきりなしにストを打ってきたことがわかる。キャンプ座間消防隊四八時間スト、朝霧支部二四時間スト、ボイラー職場二四時間スト・無期限スト、追浜基地スト、船員四八時間スト、空軍（昭和基地）消防隊四八時間スト、第一波ゼネスト、第二波ゼネスト、といった具合に、絶え間なくストを打ち続けた。

## 困難さから転じた「したたかさ」

ただし、激しい闘争はいつまでも続いたわけではない。一九七八年度からいわゆる「思いやり予算」が組まれると、米軍基地の雇用と労働条件は安定するようになった。そして労働者は、次第にその枠内でしたたかに動くようになる。雇用関係や管理関係の曖昧さと複雑さを逆に利用するようになり、日米の制度的・文化的な違いを使い分け、硬軟織り交ぜて管理の貫徹を防ぐようになったのである。

米軍は、職種の再定義と細かな格付けを通して、労働者の分断と労務コストの削減を図ろうとしてきた。賃金制度および評価制度の変遷は省略するが[17]、次々と提案される新制度に対して、組合はその都度反対し、あるいは対案を出し、のらりくらりとかわしてきた。

現在の賃金制度は、一職種一等級が原則である。職種は一二〇〇余りあり、そのうち約九〇〇職種が実際に使用されている。職種別に、職務内容が定義され、基本給表と等級が適用される。国家公務員のような職務階層制度はとっておらず、年功序列的な昇格制度はない。勤務実績に基づく特別昇格制度もない。従業員の多くは、退職するまで同一等級にとどまる。現状より高い等級に移りたければ、該当職場に空きがでた時に自分で応募する。監督者制度はある。しかし、組長や班長といった現場職制には日本人が就くものの、管理職や教師・弁護士・医師などの専門職は原則、米国の軍人あるいは軍属に限られる。このような制度、処遇、慣行に対して、労働者に不満がないわけではないが、日本人労働者は全員が組合員になり得る立場にあるため、対米軍という形で団結を守りやすい。特筆すべき点は査定の拒否である。査定は労働者間の競争を煽り、労働者を分断する。労働組合はそれを阻んできたのだ。

米軍はQC（品質管理）サークルなどの職場管理の導入を試みたこともあった。しかし、これまた根付かせることができなかった。強引な人減らしに対しても、組合は即座に反応し、阻止してきた。具体例を挙げると、複数人担当の横田基地ボイラー職場において、人員削減を意図した一人配置が強行されかけたことがあった。組合は無期限ストを決行し、一人配置案を粉砕した。「日本的な職場」に比べると、残業時間も短い。その理由のひとつは「三六協定」未締結にある。組合としては国内法令を遵守させるために三六協定の締結を望んできたが、米軍は管理権を主張し、合意には至っていない。しかし結果的にではあるが、未締結であるがゆえに米軍は時間外労働を強要できない。残業が必要な場合には、従業員に「お願いして、協力を求める」という形をとり、労働者は断ることも可能である。ちなみに、兼業も認められてきた。米軍基地は、実質的に米国の支配下にあり続けている。日本の法律が及ばぬ世界であり、いわゆる「日本的経営」が成り立たない世界である。それゆえに、基地で働く人たちは多大な苦労を強いられてきたが、米軍の言いなりになってきたわけではない。むしろ、労働条件や労働環境を守るために、外の世界よりも断固として闘ってきたのであり、戦術を巧みに使い分けながら職場環境を守ってきたのである。

## 第四節　取り残された事例？　先見性のある事例？

### 新自由主義的な労務施策の浸透

前節で明らかにしたように、在日米軍基地の内側では、いわゆる「日本的」な労使関係や雇用関係とは異なる世界が広がっている。労働者は、米軍や担当省庁に対してひっきりなしに抗議し、現場でたくましく生き抜いてきた。ところが近年、現場で働く者たちが置かれた状況に変化がみられる。世界規模の潮流を受けて、新自由主義的な考え方が浸透し、市場原理に基づく労務施策が基地の内側にまで入り込んでいるのである。

真っ先に挙げるべき点は労務コストの削減である。子細に渡って徹底されるようになった。基地の特殊性を考慮した手当（格差給と語学手当）が廃止され、派遣労働者が活用され始めた。独立採算の職場において「個人サービス契約」が散見されるようになり、米軍による直接雇用の問題が再燃している。米軍の世界規模の再編・統合にまつわる話が持ち上がり、各基地への配属の流動化が予想される。二〇〇六年五月一日、在日米軍再編に関する日米間の最終合意がとりまとめられた。その計画には、沖縄海兵隊八千人とその家族のグアム移転、沖縄嘉手納飛行場以南の六施設の全部または一部返還、空母艦載機の厚木から岩国への移駐が含まれる。これらが実行されたならば、基地労働者の雇用減あるいは再配置は避けられない。「思いやり予算」のおかげで基地全体の雇用者数は変わらないとしても、各基地の労働者数は大きく変動する可能性がある。

米軍は、労働者に対する個別管理を強め、労務コストの削減と雇用の柔軟化を従来以上に推進するようになった。加えて、災害時における「リスク対応」を現場に求めるようになり、労働者に負わせる業務範囲を拡大し、その対象者を拡げようとしている。

消防従業員を対象としたテロ対応の訓練（シーバーン（ＣＢＲＮＥ）訓練：Ｃ＝化学兵器、Ｂ＝生物兵器、Ｒ＝放射、Ｎ＝核兵器、Ｅ＝爆弾）を皮切りに、「リスク対応」の態勢を整えてきた。「(自然災害のほか) テロ活動、放射線または毒ガスの放出、伝染病の(故意の) 拡散」時における「ミッション・エッセンシャル (ME)」を規定し、指定した従業員に出勤を義務づけ、施設内にとどまって業務に従事するよう指示を出せるようにした。MEへの同意署名は広範な職種・職位が対象である。基地労働者は軍隊でも予備兵でもないにも関わらず、同指令に基づき「緊急時や急迫した状況下で監督者が従業員に出勤を要請した場合に、従業員が正当な理由なく出勤を拒んだり欠勤したりすれば解雇を含む制裁措置の対象となる」ことが、陸軍機関誌で全従業員に周知された。

### 労使関係の形骸化と現場への直撃

新自由主義に基づく労務施策が労使関係と現場に与える影響は深刻である。これまでの延線上にある労働条件の悪化と労働負担の増大にとどまらず、労使関係が根本的に蔑ろにされ、労働者は無限定な責任を個人で負わされるようになるからだ。

米軍は、直接雇用を請負契約と称し、雇用主としての社会的な責任および義務である社会保険や労災保険には加入させず、所得税の源泉徴収も行わない。労働基準法などの労働者保護の法令を無視し、勤務時間は管理者側の裁量とし、解雇は二週間前に、成績不良の者であれば四八時間前に書面通知のみで可能にするなど、国内の労働契約としては類例を見ない劣悪な内容を強いている。直接雇用される者たちは組合員ではないため、そもそも対象者数や勤務実態を組合が把握しきれない。そして、米軍による直接雇用者の増加は、労働条件が劣る新規労働者を増やすのみならず、これまで働き続けてきた者たちの労働条件を悪化させる。なぜなら、基地労働者の組合員比率を低め、組合による交渉力を弱化させるからである。つまり、米軍による直接雇用とは、長年かけて築いてきた労使関係を形骸化させ、組合員・非組合員の違いなく労働条件を劣悪化させるのだ。

基地労働者は、これまでにも災害に対処してきた。従来から「ウェザー・エッセンシャル（WE）」というものが存在し、台風や積雪などの自然災害の発生に際して緊急対応を求められ、半ば自発的に協力してきた。しかし、その対象者は警備や消防など、最小限の公益職種や管理的職位に限られていた。要するに、災害に対処させる該当者を増加させ、対処の種類と範囲を拡げ、異常事態への対応を恒常化させている点がこれまでとは異なる。この傾向は、オウム真理教による諸事件への関与の疑いが高まった頃から強まり、9・11の同時多発テロ、東日本大震災、北朝鮮の危機と、いつどこでテロや大災害が起きても不思議ではなくなってから顕著になった。

こうして、広範な「リスク対応」が現場レベルで求められ、労働者が負うべき業務負担と責任が強化されたわけだが、他方で、「リスク」は低く見積もられがちである点に留意が必要である。

異常事態とは想定外のことが多く、物理的に把握しにくく、「保安上の理由」として明らかにされないことが通例である。なによりも、労働者に「安心感」を与えるために、対応に関する同意の署名を求める際には異常事態が起きる「リスク」は低く見積もられがちである。防衛省の人事課も「そう心配することはない」と言う。しかし、現実に「リスク」が生じた際の任務は、米軍に白紙委任させられている。つまり、ここでいう「リスク」への対処の問題とは、規模や頻度の大きさよりも、「リスク」の概念が状況に応じて使い分けられ、いざという時に対応すべき業務や範囲が米軍次第な点にある。雇用主である日本政府はＭＥ問題を米軍と共同管理しておらず、労働組合は事前協議の話を持ちかけられることすらなかった。

### 「闘いの蓄積」が活かされる

かくして、新自由主義的な思想が基地内にまで入り込み、労使関係が希薄化し、合理化圧力が現場を直撃し、労働者は無限定な責任を負わされるようになった。ただし、基地の労働者たちは、このような状況に対して拱手傍観しているわけではない。戦後一貫して労使関係を蔑ろにされ、不当な扱いを受けてきたために、皮肉とも言えよう、対処する術を心得ているのである。

米軍による直接雇用に対しては、見つけ次第、中止を求めている。「労災補償や失業給付資格も得られない劣悪で悪質な労働契約であり、このような雇用形態は今まで労使で築いてきた今日的な賃金制度や休日休暇制度等の労働条件や就労形態のすべてをないがしろにするものであり、断じて容認できるものではない」として、米軍に中止させるよう防衛施設庁（二〇〇七年、防衛省に統合）に求めた。施設庁の回答は、「直接雇用に関しては施設庁としても手の届かない問題である」と相変わらずであるが、米軍からは、一部特殊なものを除き、基本的には間接雇用に移行していく、との言質をとった。また、改正労働契約法などの趣旨に則り、恒常的な業務を担っている有期雇用者は、無期雇用に変えていくよう繰り返し要望書を出している。米軍の再編に伴う雇用問題については、「駐留軍等の再編の円滑な実施に関する特別措置法」（平成一九年法律第六七号）一六条に基づき、従来とは異なる職種に就く場合には、技能教育訓練などの措置を実施していく旨の回答を引き出した。

賃金制度の改定に関しては、全面拒否は難しいとしても、これまでと同様、決定過程に組合が必ず関与している。組合内で議論を尽くし、米軍および担当省庁との三者協議を要求し、組合独自の対案を出し、不誠実な対応とみるやストも辞さない。防衛省が、既出の「格差給・語学手当廃止」に加えて「退職手当」の見直しと「枠外昇給制度」の検討を含む三つの提案を出してきた際には、組合は不利益変更として提案の撤回を求めた。しかし、交渉が決裂したため、ストライキに突入した。一六年ぶりのストである。全国統一第一波四時間ストを決行し、その後、総勢七〇名余が防衛省前で抗議行動を行った。大衆団交でも防衛省は歩み寄りをみせなかったため、二〇〇七年一一月三〇日、全国統一第二波二四時間ストを打った。さらに第三波二四時間スト（リレースト）をちらつかせる中、防衛省と一定の合意に達し、防衛省は在日米軍司令部と契約・協約を調印し、組合は語学手当および退職手当の「経過措置」を獲得した。「枠外昇給制度」に関しては、基地の外と同様、新自由主義の影響から逃れられず、組合内部からも賛同者が出た。ただし、特別昇給という「プラス査定」だけに留め、全面的な査定は依然として阻んでいる。また、一部の査定を認めるにせよ、管理側任せにはしていない。評価データの開示を求め、実施状況に対するモニタリングを怠らない。

組合は、「異常事態への対処」に関しても、早い時期から対応のマニュアル化を求めてきた。軍は「適宜適切に対応」させるとはいうものの、「リスク」およびその対応の詳細は教えない。米軍とその家族を対象としたマニュアルは存在するにもかかわらず、である。そこで、雇い主である施設庁に対して、不測の事態を定義するように求め、現場が負うべき「リスク」の範囲を明確にし、それに制限を加えようとした。施設庁は、「事例がないので具体的な回答はできない」、米軍に「マニュアルの提出も求めたが保安上の理由で拒否された」などと答えてきたが、組合は、異常事態が起こる前にできる限り問題を明確化する最大限の努力を要求した。

労働組合は、MEに対しても即座に策を講じた。二〇一八年三月以降、先述したように、ME指定をめぐる問題が浮上し、同意書の提出が半ば強要され、労働者内に動揺が走った。組合としては、今般の米軍の動向は労働者の「善意」に乗じて危険な一線を踏み越えるものであり、容認することはできないとして、対象職種と職務内容の限定、提出済みの署名の無効、労使合意の下での新たな同意書書式の作成、雇用主の公式関与、三者間の協定締結などを求めた。その成果が実り、組合員が半ば強要された白紙委任の署名を撤回させることができた。さらには、米軍に全従業員を対象とした説明会をあらためて開くよう強く要求し、開催にこぎ着けた。

異常事態への対応範囲の拡大は、労働者の身の危険や心理的負担の増大だけでなく、経済的な不利益をもたらす。通常の損害保険に入れなくなったり、補償の適用外になったりするからである。組合は、特別援護金制度の拡充を、すなわち、生命を賭して職務を遂行した者への補償制度の新設を要請した。粘り強く交渉を続け、初要求から一三年後、二〇一九年三月一四日発効、消防・警備職に関する特別援護金の拡充を実現させることができた。

## あらためて「外の世界」と比べて

いまや日本社会全体で、「日本的」な雇用関係は変容し、労使関係はなきものにされている。雇用の非正規率は四割を超え、労働者の組合組織率は二割を下回る。労働者は雇用者や管理者と個々に対峙させられ、雇用や労働にまつわる不確実な要素は個人で対処し、自己責任で回避すべきとの認識が広まっている。もっとも、前節の冒頭で指摘したように、かつての経営・労働慣行や労使関係も、ステレオタイプな「日本的経営」とは異なる点が多々あった。労働者は文字通りの「終身雇用」「協調」「合意形成」「勤勉」を特徴として働いていたわけではない。しかし、基地労働者たちは、いつの時代においても「日本的」と言われる労使関係や雇用関係の下にはなく、形式的にも実質的にも「日本的な働き方」をしてこなかった。それゆえに、自分たちの身は自分たちで守るほかなく、現に守ってきたのである。現状では、米軍が新自由主義な思想と市場原理に基づく労務施策を浸透させ、労働組合を従来以上に蔑ろにしているが、基地の労組は「闘いの蓄積」を活かして現実的に対処し、外の世界のような「なし崩しの状態」にはなっていない。現在も基地全体で六割近くの労働者を組織している（二〇一八年一〇月末現在、五九・七％)。

二〇二〇年に世界規模で新型コロナウィルスが拡散し始め、本書執筆時も未曾有の混乱と先行きの見えない不安に見舞われている。在日米軍基地内とて状況は同じである。それどころか、基地内では、感染者がでても基地労働者には詳細は一切知らされない。基地労働者は見えない恐怖に怯えながら働くことになった。しかし図らずも、労働組合が想定してきたことが現実に起きたのであり、これまでの働きかけや対応が大きな意味を持つことになった。すなわち、不確実性が高く、目に見えない「リスク」に対しての心構えができており、「リスク対応」への対処に関して蓄積があるため、雇用主に対してこまめに要望を出すことができるのであり、基地労働者に対して不用意に不安を煽るようなことはないのである。

こうして、基地の内と外とを対比させると、基地労働者とは、日本の労働社会において看過していい例外などではないことがわかる。日本の労働者の先行きを暗示する存在であり、そしていまや、無力感と不安感が漂う外側の労働者に対して教訓的な存在である、と捉え直すことができるであろう。

## 第五節　排他的基地管轄権の壁と「労災」

**基地労働者の法的地位の複雑さ**

基地労働者[18]は当初法的根拠を持たない存在であったが、一九四八年七月、国家公務員「一般職」になった。その後、同年一二月には労働三法が適用される特例的な国家公務員「特別職」に変更された。そして、一九五二年の講和条約の発効により進駐軍から駐留軍への移行に伴い、一九五二年法律一七四号八条により基地労働者は、国家公務員特別職から除外され公務員でもなく国家公務員法二条二項の「勤務者」にも当たらないものとされ、現在に至っている[19]。

防衛省は、日米地位協定一二条四項に基づき、米軍ならびに同協定一五条に定める諸機関（海軍販売所、食堂、社交クラブなど）の労務（需要）を充足するため、労働者を雇用しその労務を米軍および諸機関に提供する（間接雇用方式）。そこでは、雇用主は日本政府（防衛大臣）であり、使用者は米軍となり、雇用と使用が分離する労働者派遣に類似する形態になっている。この問題点は、派遣先ともいうべき米軍の使用者責任が欠落していることにある。というのは、日米安保条約六条（「日本国の安全に寄与し、並びに極東における国際の平和及び安全の維持に寄与するため、アメリカ合衆国は、その陸軍、空軍および海軍が日本国において施設及び区域を使用することが許される。」）ならびに日米地位協定三条（「合衆国は、施設及び区域内において、それらの設定、運営、警護及び管理のために必要なすべての措置をとることができる。」）に依拠する排他的基地管理権に基づいて、基地労働者に対する使用者としての米軍は、日本の国内法令を遵守する義務を負わず法令違反があっても処罰されないからである。[20] 排他的基地管理権については、「米側がその意思に反して行われる米側以外の者の施設・区域への立入、およびその使用を禁止する権能並びに施設・区域の使用に必要なすべての措置を取りうる権能を意味する。」と解されている。[21] その結果として、雇用主である防衛省も、労災が発生した場合の労働基準監督官も、米軍の許可のない限り、施設・区域（基地労働者の職場）に立ち入ることもできない状況にある。[22]

他方において、日米地位協定一二条五項には「相互間で別段の合意をする場合を除くほか、賃金及び諸手当に関する条件その他の雇用及び労働の条件、労働者の保護のための条件並びに労働関係に関する労働者の権利は日本国の法令で定めるところによらなければならない」と定められている。この別段の合意とは、日本側の見解では地位協定一二条六項の解雇に関する特別の手続きのみであるが、米側の見解では「労務提供に関する基本労務契約」（ＭＬＣ）などとなる。[23] まず、日米地位協定一二条六項の解雇の手続は、米軍の諸機関により解雇された基地労働者に対する裁判所または労働委員会の最終的な決定が「雇用契約が終了していない」とするものであった場合において、米側が当該労働者を就労させたくないときは、通報を受けた後七日以内にその旨を日本政府に通告して、「暫定的にその労働者を就労させないことができる」(b)。しかもそれに関する日米間の協議開始後三〇日以内に解決しない場合には、(米側が雇用の費用を負担することを条件に)「当該労働者は、就労することができない」(d)というものである。[24] つぎに、基本労務契約(八条a(一))では、人事措置は、両当事者(米軍・防衛省)の相互の合意に基づいてとられる。防衛省側は、この契約に基づいて提供される従業員の法律上の雇用主として、任命、常用従業員への変更、昇格、低い等級への変更、配置転換、異なる基本給表への変更、転任、出勤停止、雇用の終了その他従業員に対してとられるすべての人事措置を従業員に通告し、かつ、実施する。この人事措置に関する意見の不一致が発生した場合で地方レベルでは解決できないときは、防衛省地方協力局次長と契約担当官に付託され、そこでも解決できない場合には、日米合同委員会に付託することができる。(同契約八条a(二))。しかし、そこでも一定期間内に決定されない場合は契約担当者の決定によって、従業員の身分を変更する措置をとる(同契約八条a(三))。[25] したがって最終的には(米側)契約担当者が紛争対象の基地労働者の身分について決定的な影響力を持っている。

さらに、基本労務契約一九条において、法律改正に基づく就業規則の変更も防衛省が米軍と交渉して合意を得るまではなしえないことになっている。したがって、解雇を含めて個別の人事措置も一般的・制度的な労働条件規律としての就業規則の変更も日本側の単独ではできず、常に米軍の同意が必要となる。その限りで、日米地位協定一二条五項の意味は極めて限定されている。法律第一七四号の「給与・勤務条件の決定」は法令事項であっても、「米軍の同意なしには、新たに定めることも変更することもできないのが実態である」[26]といわれる。

## 米海軍横須賀基地じん肺訴訟

以上の基地労働者の法的地位の複雑さをよく表している裁判例として、つぎの判決が参考になる。

### (1)横浜地裁横須賀支部判決[27]

地裁判決は、両者の負担する安全配慮義務の内容と責任について、基本労務契約の内容、日米地位協定の内容に基づいて検討する。まず、基本労務契約上、日本側は「法律上の雇用主」として米軍の発議する人事措置の審査と実施、給与の計算・支払い、労働組合との交渉等の事務を担当し、米軍は「実際の使用者」として、基地労働者の直接の監督、指導、統制、訓練をそれぞれ担当すると規定されている。日米地位協定一二条五項は「労働者の権利は、日本国の法令で定めるところによらなければならない」と定める。そして基地労働者と防衛大臣および米軍との特殊な間接雇用形態に着目すれば、安全配慮義務は被告（日本側）と米軍の双方が負担する、と解すべきとした。

つぎに、両者の負担する安全配慮義務の内容およびどのような場合に責任を負うのかについて、米軍は「実際の使用者として労務者を使用する者」として、その職務遂行のための場所、施設もしくは器具等の設置管理又は遂行する職務の管理にあたって、労務者の生命及び健康等を危険から保護するよう配慮すべき義務（対策実施義務＝第一次的・直接的義務）を負うのに対し、被告防衛省は雇用者であるにもかかわらず直接の指導、統制、訓練その他の「指揮監督権限を有しない」以上、米軍に対して対策実施義務を尽くすよう申し入れを行うなどの二次的・間接的な義務（対策推進義務）を負うに過ぎない、とする。この対策推進義務とは、雇用者としての立場・地位協定締結当事者としての立場から、米軍が対策実施義務を充分に尽くしているかどうかを不断に調査・監視し、必要な措置を講ずるよう働きかける義務である。

不法行為法における民事特別法一条（日米安保条約に基づき「日本国内にあるアメリカ合衆

国の陸軍、海軍又は空軍の構成員又は被用者が、その職務を行うについて日本国内において違法に他人に損害を加えたときは、」（日本）国がその損害を賠償する責に任ずる。）のような規定を欠く契約責任にあっても、被告は、米軍の安全配慮義務違反により生じた結果について、この対策推進義務を怠り又はそれが不十分であった場合には、被告自身の安全配慮義務違反の結果として責任を負う立場にある、と解された。

したがって、被告・防衛省に安全配慮義務に基づく責任が生ずるのは、米軍が対策実施義務に違反した結果、労務者の生命及び健康等に危害が生じた場合であって、かつ、被告が対策実施義務を怠ったり、それが不十分であった場合に限られる。

### (2)東京高裁判決[28]

その控訴審では、同じく、日米地位協定の内容、基本労務契約の内容に照らし、間接雇用形態においては、「被用者との雇用関係に関する義務は、法律上雇用契約上の雇用主となる控訴人が負うのは当然であるが」、米軍は、「実際の労務の管理者」ではあっても、事実的契約関係においても控訴人と競合ないし分担して基地労働者に対する「直接の契約上の義務」を負って処理することを想定している規定は日米地位協定上も基本労務契約上見当たらないから、基地労働者に対して直接の契約上の義務を一切負わないと解される。

したがって、雇用関係における安全配慮義務も、社会的接触によって事実的（雇用）契約関係が成立している場合には、その事実的契約関係の当事者も負うと解すべきが原則であるが、間接雇用においては、労務者の保護のための条件、そのための監督管理に関する被用者との雇用関係に関する義務は、控訴人と米軍が被用者に対する安全配慮義務とその違反の場合の損害賠償責任を分担するのではなく、控訴人のみが負う、とする。

間接雇用においては、「米軍は控訴人との関係で基本労務契約上の義務を負うことはあっても被用者に対して直接の契約上の義務を一切負わないのであるから、被用者に対する安全配慮義務についても、雇用者である控訴人のみが負い、実際の労務の管理者である米軍が安全配慮対策を怠ったため被用者に損害が生じた場合には、控訴人自らが安全配慮義務を怠ったものとして、控訴人がその責任を負うものと解すべきである。」とする。

どちらの見解が妥当かといえば、間接雇用形態という就業の実態からすれば米軍は「実際の使用者」すなわち現場における直接的な労務指揮だけでなく諸種の人事問題の決定権者として、使用者と呼ぶに値するものといえるが、法的には基本労務契約上、人事に関する諸措置を基地労働者に通告し実施する者は防衛省側になっている。また人事問題について最終的に相互の合意が成立しないときは米側の単独決定となりうる点を考慮すれば極めて不可解であるが、実際米側を責任追及しうる法的要素がほかに見当たらない以上、日本側のみを相手とすべしとする控訴審の見解が正しいことになる。しかしながら、ほとんど使用者として関与できない防衛省が米軍に働きかけ、要請できないままで、その責任のみを負わせられるのであれば、労使間の問題はいつになっても解決されえないだろうことも容易に想像できる。

### 沖縄の本土復帰前の基地労働者に対する労災適用問題

沖縄が我が国に復帰する前に労働者災害補償（一九六一年高等弁務官「布令第四二号」）の適用を受けていた沖縄の軍雇用員のうち、復帰前に被災した労働災害に係る災害補償に関しては、沖縄返還協定に基づき、アメリカ政府に請求できるとされたので、わが国の労災保険は適用されないことになった。ところが、かりに沖縄返還協定に関する日米の合意議事録にもとづき、関係労働者が高等弁務官布令四二号で請求権を行使しても、時効一年で請求権を喪失するので、[29]結局労災に対する補償が欠如していた。

他方で、石綿じん肺に関しては平成一八年二月一〇日「石綿による健康被害の救済に関する法律（平成一八年法律第四号）（石綿救済法）」が成立している。これは、石綿による健康被害が多数発生している一方で長期にわたる潜伏期間があって因果関係の特定が難しく現状では救済が困難な状況の下で、「石綿による健康被害者を隙間なく救済するための新たな法的措置」として制定されたものである。この法的措置は、①労災保険法などによる救済の対象とならないものに対する「救済給付」の支給（医療費自己負担分、療養手当、葬祭料、特別弔慰金など合わせて三〇〇万円程度）と、②死亡した労働者の遺族で労災保険法の遺族補償給付を受ける権利が時効（五年）により消滅した者」に対する「特別遺族給付金」（年金は原則二四〇万円／年）の創設の二つからなっている。

ところが、石綿救済法五九条一項によれば、「労災保険法の規定による遺族補償給付を受ける権利が時効によって消滅した者に対し、その請求に基づき、特別遺族給付金を支給する」となっていることから、特別遺族給付金の支給は労災保険の対象となっていることが前提となる。そのため、復帰前の軍雇用員については、石綿救済法による救済は、①の救済給付が適用されるに留まるとされる。[30] そのため、国会への陳情など、さらなる救済を求めて運動がなされた。

その結果、復帰前の軍雇用員に対してもその適用を認める大臣通知が出された。すなわち、復帰前に石綿関連作業に従事したことで石綿関連疾病を発症し、これにより死亡した米軍関係労働者（以下「死亡復帰前労働者」）の遺族は、布令四二条に基づく補償請求権を有する者が時効により権利を失うケースが想定されるとして、大臣通知がなされた。[31]

琉球新報

発行所　琉球新報社

基地内アスベスト職場

ガンで従業員死亡

全駐労沖縄地本　因果関係を調査

全駐労沖縄地本（神山操議長・五千五百人）は、発がん性の石綿（アスベスト）の影響を調べるため組合員の健康調査を実施していたが、このほど石綿と接する職場にいた人ががんを併発し、死亡していることが分かった。この組合員の死亡が石綿と因果関係にあるかどうか追跡調査を行っている。同地本では十三、十四の両日、駐労センター（宜野湾市）で開かれる定期大会で、「基地労働者の生命と健康を守っていく立場から」石綿問題を八七年度運動方針の柱の一つに据えて安全対策を国に要求していく構えだ。

国に安全対策要求へ

全駐労沖縄地本は、石綿を使用している建物および設備の補修業務にかかわっている組合員を対象に健康調査を行った。アンケート形式で①石綿とかかわる頻度②石綿を取り扱う際の防じんマスクなど保護具着用の有無③健康診断の受診状況④最近の健康状態―などについて質問している。

既に調査表の集計作業は終了しているが、「専門家による分析調査がまだ終わっていない」（神山議長）として結果は公表されていない。しかし、石綿職場で働いていた労働者が死亡した件については「因果関係の疑いが強い」とみて追跡調査に乗り出している。

同沖縄地本では「石綿による発病ということが判明したら損害賠償を請求していきたい」と言っており、今後各方面に波紋を広げそうだ。米国

る。

全駐労は八七年運動方針の中にある「運動の基調と闘いの基本目標」の項目で「石綿問題は、まさしく駐留軍労働者の生命と健康にかかわる重要な問題である。国内法に定められた労働基準法・労働安全衛生法の厳格な実施を要求

琉球新報1986年9月12日の新聞記事

そこでは、復帰前後で沖縄米軍基地における労働者の就業実態が同一であるといえること、復帰前に米国の事情による大量解雇があったことなどを考慮すれば、死亡復帰前労働者の遺族にも、石綿救済法二条二項に規定する「死亡労働者等の遺族」と同様に救済を行う必要があると考えられた。

内容的には、復帰前の沖縄米軍基地において、石綿関連作業に従事することにより、石綿救済法二条二項に規定する指定疾病または厚生労働省関係石綿による健康被害の救済に関する法律施行規則二条に規定する

対象疾病（中皮腫や肺がんなど）にかかり、これにより、石綿救済法の施行の前日までに死亡した者を、石綿救済法二条二項の「死亡労働者等」に含めることとし、その遺族のうち、布令第四二号に基づく請求権を時効により失った者を特別遺族給付金の支給対象とすること、とされた。この石綿救済法の施行日の前日（平成一八年三月二六日）の期限は、平成二四年三月二七日が請求期限となっていたが、さらにこの度の改正で平成三四（令和四）年三月二七日まで延長されている。

## ドイツの例を参考に

### ⑴ドイツ労働法などの適用確保と国家免責原則

外国軍隊の駐留にあたっては、受入国は、特に自国民の保護のため、その領域主権（自国領域に関する各種の国家作用）の侵犯を最小限に食い止めるようと望む。他方、派遣国は、自国軍隊が受入国においても本国と同等の法的地位を享受できるよう求め、軍隊・軍属、その構成員および家族に「対人主権」（自国民に対する排他的支配権）を確保できるよう希望する。[32]

ＮＡＴＯの地位協定（ＮＴＳ）・補足協定（ＺＡ‐ＮＴＳ）では、従来から、原則的に駐留軍経費を負担するのは軍隊派遣国であり、基地労働者の給与等もその中に含まれた。ドイツで現地採用された基地労働者の労働関係にはドイツの労働法や社会保障法が適用され、その訴訟を管轄するのはドイツの裁判所である。しかし、労働者側（産別組合）との団体交渉や労働協約の締結の相手方はドイツの当局（連邦財務省）である。駐留軍との間の労働協約も、駐留軍当局との合意により、ドイツ財務大臣が各産業別労働組合との間で締結される。[33]

ドイツの場合でも駐留軍の直接（当事者としての）手続への参加は認められない。派遣国家は国家免責または国家不可侵（Staatenimmunität）の原則に依拠している。それによれば、特別の協定がない場合にはある国家とその機関は受入国の主権（Hoheitsgewalt）および特に裁判管轄権に服することはない。したがってドイツの官庁が駐留軍のために必要な申請およびこれに関連する行政手続および裁判手続を行う（五三A条一項）[34]。

⑵労働（安全）保護法の適用をめぐる問題

他方で、NATO軍地位協定九条四項二文によれば、「雇用及び労働の条件、特に賃金、諸手当及び〔労災防止のための〕労働（安全）保護の条件は、受入国の法令で定めるところによらなければならない。」したがって、旧補足協定五六条一項a号でも、労働法の諸規定には労働保護法の規定も含まれると解されていた。しかし、旧補足協定五三条一項二文により、駐留軍当局は、駐留軍施設・区域内で、「公共の安全及び秩序の維持」に関する独自の規定―これに労働保護に関する規定も含まれる―を適用できるとした。実際には、ドイツの労働保護法の適用の問題は駐留軍に委ねられた施設側に圧倒的に優勢であった。旧補足協定五三条一項二文の規定は有用でないことが実証された。それは法的不安定をもたらす。なぜなら、派遣国の諸規定とドイツの労働保護法との間の必要な「数価比較（Wertigkeitsvergleich）」はドイツの労働保護の官庁と駐留軍の間の協働にあたって、実際に利用できるほどには解決できないからである。結果的に、五三条一項二文の旧規定は有用でないことが実証された。そこで、新補足協定は五六条一項a号において、連邦軍における基地労働者にとって基準となるドイツ労働法の適用原則を従来通り確定しているだけでなく、労働法の諸規定と並んで労働保護法の諸規定も適用されるべき規定として明示的に言及している。[35]

この五六条一項に対する署名議事録（一項）は、ドイツの行政官庁との協働（協力）が行われる必要がありかつドイツの諸官庁が、立入権を含めた、駐留軍の諸官庁による支援に依存している限りにおいて、駐留軍または軍属を原因としてドイツの労働保護法が適用される場合に発生する問題を規律する。また、駐留軍を原因としてドイツの労働保護法が適用される範囲内で作動すべきドイツの官庁についての特別の権限が確定される。すなわち、営業監督の官庁の任務の遂行について連邦防衛大臣によって指定された機関がその管轄権を有する（五六条一項に対する署名議事録二項)[36]。

なお、新補足協定五三条四項二号によれば、派遣国は、(ドイツ)連邦・州・自治体の各レベルの所管官庁に、他のドイツの官庁の仲介を立てる必要なくして、その職務を遂行しうるよう、ドイツの利益を守るために必要となる、あらゆる適切な支援を行うことになっている。この支援には、事前通告後の駐留軍施設・区域内への立入も含まれる。[37]

## 今後の動向

NATOとドイツの地位協定・補足協定でも派遣国の国家免責の原則があるため、基地労働者の雇用関係は直接雇用であるとしても、裁判や行政関係手続は米軍に代わってドイツ側が対応している。ただ、日本と比較すると、特に、統一後はドイツ法の適用原則の拡大傾向がその手続も含めて顕著である。日本の場合、日本法の適用原則の存在にもかかわらず、実際に、基地労働者を使用しその人事の諸決定も行う米軍は使用者責任を免除され、それに代わってこれを引き受ける日本側の行政機関は施設への立入さえもままならない状況にある。これらのことは、基地労働者の権利実現に大きな支障となっている。

ところが、最近は労災認定の例も認められる。例えば、全駐労神奈川地区本部では、在日米陸軍キャンプ座間（神奈川県）の消防隊に所属する日本人の男性従業員（当時四四歳）が、正当な理由なく無期限の出勤停止を命じられたことによって「うつ病」などにり患したとして、二〇一六年一二月、厚木労働基準監督署はこれを労災認定した。同本部は「精神疾患を巡る労災申請は難しく、認定は聞いたことがない」としている。同本部や男性によると二〇一五年一二月、「上司の悪口を言った」とのうわさを広められ、出勤停止を命じられた。釈明の機会は与えられず、うつ病や心的外傷後ストレス障害（ＰＴＳＤ）などと診断された。厚木労基署は精神疾患と基地業務に因果関係があると判断した、とのことである。[38]

さらに、一連のパワハラ問題の急増に関連して、米海軍厚木基地は解決策をまとめて基地労働者で作る全駐労（全駐留軍労組）に政府を通して提案した。個別事案への対処を約すると同時に、労使間の協議会を設置し、職場環境を含むあらゆる労使紛争の未然防止に努める意向とのことである。二〇一九年一一月一四日に示された提案では、基地（人事・労務責任者）と全駐労（現地支部）に基地労働者の雇用主の日本政府（防衛省）を加えた三者構成の協議会を設置して、今後は、労使紛争を発生させないように協議を積極的に開催し、良好な関係を築いていく、としている。全駐労もこれを重く受け止めると評価している。[39]

確かに基地労働者の法的地位の抜本的改善には地位協定の改定が必要であるが、ドイツの場合は、①基本法において相互集団安全保障機構への加入と主権の制限（移譲）を定めている点や②NATOの同盟の性格（同盟の統合的構造）の点において、日独間で相当異なることを考慮すると、[40]難しい状況である。他方で、上記のような仕組みが厚木基地に限らず全国の米軍基地に拡大されていけば実際の運用も変化していくのではないかとの希望を抱かせる。

## 注

1　終戦連絡中央事務局「終連事務局」は、連合国軍最高司令官の要求により、一九四五年八月二六日、外務省の外局として「大東亜戦争終結に関し帝国と戦争状態に在りたる諸外国の官憲との連絡に関する事務を掌る」ことを任務として設置され、内務省、大蔵省、商工省等の関係各省の要員によって運営された。

2　占領軍による地方調達から中央調達への移行に伴い、日本国内の体制整備を図るべく、一九四七年五月一〇日、「特別調達庁法（一九四七年法律第七〇号）」が公布され、同年九月一日に業務を開始した。設置当初は、現在の特定独立行政法人に近い「公法人」とされたが、一九四九年六月一日、「特別調達庁設置法（一九四九年法律第一二九号）」によって、総理府の外局に位置づけられた。

3　日米行政協定の労務に関する条文：一二条四項「合衆国の軍隊又は軍属の現地の労務に対する需要は日本国の援助を得て充足される」。一二条五項「日米両国が別に合意される場合の外、賃金及び諸手当に関する条件のような雇用及び労働の条件、労働者保護のための条件並びに労働関係に関する労働者の権利は日本国の法令に定めるところによらなければならない」。

4　日米地位協定三条（施設・区域に関する合衆国の権利）：一項「合衆国は、施設及び区域内において、それらの設定、運営、警護及び管理のため必要なすべての措置を執ることができる。日本国政府は、施設及び区域の支持、警護及び管理のための合衆国軍隊の施設及び区域への出入の便を図るため、合衆国軍隊の要請があったときは、合同委員会を通ずる両政府間の協議の上で、それらの施設及び区域に隣接し又はそれらの近傍の土地、領水及び空間において、関係法令の範囲内で必要な措置を執るものとする。合衆国も、また、合同委員会を通ずる両政府間の協議の上で前記の目的のため必要な措置を執ることができる。」

5　日米合同委員会の議事録は日米両当事者の合意がなければ公開されないため、日本人警備員の銃器所持・使用に関する取り決めについては、国会議員の質問主意書に回答した閣議決定は存在するものの議事録については確認できない。
6　福永文夫『日本占領史 1945-1952 東京・ワシントン・沖縄』（中央公論新社、二〇一四年）三四頁など。
7　竹前栄治・中村隆英監修『GHQ日本占領史 第3巻 物資と労務の調達』（日本図書センター、一九九六年）五三頁は、この点を示唆する。
8　以下の本文は、防衛施設庁編さん委員会編『防衛施設庁史』（防衛施設庁、一九七九年）四頁以下を参照し、他文献の引用は別に脚注を設けた。
9　毎日新聞社編『一億人の昭和史　日本占領　2　動き出した占領政策』（毎日新聞社、一九八〇年）一〇四頁。
10　SCAPINは、SCAP指令（Supreme Commander for the Allied Powers Directive）に、例えば、第一号といった、Index Numberを付した文書のことである。
11　全駐留軍労働組合編『全駐留軍労働組合運動史　第一巻』（労働旬報社、一九六五年）三三頁、三六頁、三八頁、六四頁、六五頁。
12　L・R労働者は、LSO労働者に切り替えられた。両者とも、日本政府雇傭という意味では違わない。従来は、占領軍＝連合国の基地労働者の労務費が、終戦処理費で賄われたものが、講和条約締結とともに終了予定となったことから、米軍関係の基地労働者については、米国政府が労務費を負担することとなり、「LR」から「LSO」に切り替えられた。この点の経緯については、前掲注（11）・二六四頁。
13　全駐留軍労働組合編『全駐留軍労働組合運動史　第三巻』（労働旬報社、一九七五年）五二頁、二七〇頁。
14　インターネットが発達して誰もが情報を発信できる時代になったが、それ以前は、その存在や働きぶりをあまり知られていない人たちが数多く存在した。そのような人たちを対象としたあるいは当事者の視点から描いたルポ、生活史、民衆史、フィールドワークがなかったわけではない。伊原亮司『トヨタと日産にみる〈場〉に生きる力　労働現場の比較分析』（桜井書店、二〇一六年）序章の注20、六一頁を参照のこと。また、労使協調を特徴となす「企業社会」にも、「少数派」として闘い続けた労働組合はいくつも存在した。その点に関しては、同『合併の代償―日産全金プリンス労組の闘いの軌跡』（桜井書店、2019年）を参照のこと。

15　本稿は基地で働く者たちを「基地労働者」として一括りに扱うが、ぞれぞれの基地には固有の歴史や文化があり、とりわけ沖縄の基地の労働運動は特筆すべき独自性がある。また、基地の労働組合は一つだったわけでもない。しかし紙幅の都合上、現在の基地の労働組合である全駐留軍労働組合（全駐労）の中央の活動を主に紹介する。以下の記述は、全駐労の組合紙、組合員への聞き取り、組合からいただいた資料やパンフレットによる。調査に協力して下さり、深く感謝する次第である。出典は煩瑣になるため省くが、詳細については別稿で論じた（伊原亮司「在日米軍基地の労使関係と労働『戦後日本』で不可視化された労働者」労働法律旬報一九四八号（二〇一九年）三四頁以下）。そちらを参照のこと。

16　占領軍や在日米軍の労務調達を担ってきた日本側の機関の変遷については、前節を参照のこと。

17　詳細は注15で取り上げた拙稿を参照のこと。

18　その労働法上の諸問題について、春田吉備彦「駐留軍等労働者にかかわる労働法上の課題」労働法律旬報一九一七号六頁以下（①）、同「駐留軍等労働者における『間接雇用方式』の歴史的展開と労働法上の課題」新田・米津他編『現代雇用社会における自由と平等―山田省三先生古稀記念』（信山社、二〇一九年）四〇一頁以下（②）参照。

19　討議資料「駐留軍労働者のステータスの確立」（全駐留軍労働組合二〇〇八年八月）zenchuro.com › pdf › status8（以下「討議資料」）二～三頁、一四頁。

20　紺谷智弘「基地労働の歴史と基地労働者が抱えるジレンマ」労働と経済一六四〇号（二〇一九年）一

五頁以下。そこには、労働基準法、労働安全衛生法ならびに労働組合法違反の諸事例が挙げられている。

21 前掲（注19）討議資料四頁、上記の外務省解釈は、機密文書「地位協定の考え方」第三条、琉球新報二〇〇四年七月～八月 eritokyo.jp（independent）nagano-pref）kimitsubunsho-101による。

22 前掲（注19）討議資料四頁。

23 前掲（注19）討議資料五頁、春田前掲（注18）①論文七頁。

24 前掲（注19）討議資料一三頁。

25 前掲（注19）討議資料一五頁。

26 前掲（注19）討議資料五頁。

27 平成一四年一〇月七日（判タ一一一一号二〇六頁）。

28 平成一五年五月二七日（訟月五〇巻七号一九七一頁）。

29 「集会アピール」二〇一〇年二月二七日、日本労働組合総連合会沖縄県連合会。

30 日本労働組合総連合会沖縄県連合会「復帰前本基地従業員へわが国の労災保険適用を！3・9集会」二〇一一年三月九日。

31 基労発〇八二六第一号平成二三年八月二六日。

32 松浦一夫「ドイツにおける外国軍隊の駐留に関する法制」『各国間地位協定の適用に関する比較論考察』（内外出版、二〇〇三年）四九頁、五〇頁。

33 松浦前掲（注32）論文六五頁、九七頁。

34 Denkschrift zum Abkommen zur Änderung des Zusatzabkommens zum NATO－Truppenstatut und zu den weiteren Abkommen und Zusatzvereinbarungen（ＮＡＴＯ地位協定・補足協定に関する覚書）, in：Drucksache　12/6477（以下「DrucksS」）S. 58f., S.67-S.68., 松浦前掲（注32）論文七二頁。

35 松村前掲（注32）論文六五頁、Drucks.S68-69.

36 Drucks.S.69.
37 松浦前掲（注32）論文六八頁、Drucks.S.67.
38 日経新聞二〇一七年三月七日。
39 朝日新聞二〇一九年一一月一九日。
40 松村前掲（注32）論文八二～八七頁。

# 第二章

# 米軍統治下の沖縄から見た軍労働

## 米軍基地と構造的沖縄差別

一九四五年四月、沖縄本島に米軍上陸後、鉄の暴風による、ありったけの地獄を集めた地上戦の末、沖縄は米軍に占領された。[1] 二〇万人を超える死者の半数近くは沖縄住民で、その四人に一人が犠牲となった。[2] 米軍占領後、直ちに土地は接収され、本土攻撃の拠点として、新基地が建設された。その間、沖縄住民は、米軍のテント・カヤぶき屋根で作られた一二か所の民間収容所に収容された。一九四五年一〇月以降、徐々に各収容所からの帰還が許されるようになった。故郷が軍用地に囲いこまれた土地の住民は、米軍が指定した地域に移動して、割り当てられた狭窄な土地で生活を送った。

一九四九年一〇月一日、中華人民共和国が成立し、日本は米国の極東戦力拠点と位置づけられた。一九五〇年六月に勃発した朝鮮戦争(一九五三年七月二二日、休戦協定の調印)と米ソ冷戦の兆しを受け、沖縄は米軍の世界政略の中で、太平洋の要石《キーストーン》と位置づけられて軍事要塞化されていく。一九五三年、地主の同意なしに土地を接収できるとする、布令一〇九号「土地収用令」が公布され、真和志村銘刈・具志・宜野湾村伊佐浜・伊江村真謝などの土地は、「銃剣とブルドーザー」によって強制的に接収された。[3] 一九五五年から一九五六年にかけて、本土駐留の米海兵隊が沖縄に移駐した。[4] 一九五〇年代には沖縄の軍事要塞化が完成した。[5] この頃、本土で「内灘闘争」「砂川闘争」などの基地反対闘争・平和運動が成果をあげた。皮肉なことに沖縄にはしわ寄せが回された。さらに、一九六〇年代後半から一九七〇年前半にかけて実施された「在日米軍再編の統合計画」[6]によって、本土の米軍基地は約三分の一に削減され、本土において基地問題は見えにくくなった。一方、沖縄の米軍基地はほとんど減少せずに、第二のしわ寄せが回された。日本の「構造的沖縄差別」[7]は、戦後七五年間、継続する。辺野古は沖縄への基地固定化の象徴であり、本土の〇・六％の狭隘な沖縄に米軍基地の約七一％が集中している。

民間収容所のひとつ屋嘉収容所：那覇市博物館提供

## 米軍統治下の沖縄の統治機構

終戦後の本土では、ＧＨＱとマッカーサーの軍政が、日本政府を通じた、間接統治を行った。一方、沖縄では米軍による直接統治が行われた。米軍の統治（軍政）機構は、米国海軍軍政府（一九四五年四月～一九四五年六月）→米国陸軍軍政府（一九四五年六月～一九四五年九月）→米国海軍軍政府（一九四五年九月～一九四六年六月）→米国陸軍軍政府（一九四六年七月～一九五〇年一二月）→琉球列島米国民政府・USCAR《ユースカー》（一九五一年一月〜一九七二年五月）[8]と目まぐるしく変遷した。また、沖縄本島の住民側政府を見ていくと、沖縄諮詢会《しじゅんかい》（一九四五年八月〜一九四六年四月）→沖縄民政府（一九四六年四月〜一九五〇年一一月）→沖縄群島政府（一九五〇年一一月〜一九五二年三月）→琉球臨時政府（一九五一年四月〜一九五二年三月）→琉球政府（一九五二年四月一日〜一九七二年五月一五日）[9]と目まぐるしく変遷した。

琉球政府設立後の一九五二年四月二八日、本土は独立した。サンフランシスコ講和条約三条に基づき、沖縄は切り離され、日本の潜在主権が残存する形で米軍の施政権下に留め置かれた。祖国復帰こそが住民の切なる願いとなった。本土で日米安保条約改定阻止闘争が吹き荒れた一九六〇年四月、沖縄では、沖縄県教職員会・労働組合・革新系の三つの政党（社会大衆党・社会党・人民党）・沖青協（沖縄県青年団協議会）などを中心に、沖縄県祖国復帰協議会（復帰協）が結成された。年々、祖国復帰運動は高揚していった。

## 米軍が直接雇用する軍労働[10]

本土の「進駐（駐留）軍労働」が日本政府による間接雇用であることは前述した。一方、沖縄の軍労働[11]は、米軍が直接雇用する軍作業員[12]から始まった。沖縄戦で家族・親族・知人を失ないながら生き残った多くの住民が、戦後、生きるために米軍基地で軍作業で働いた。こうして始まった、軍作業は、本土復帰直前までには、軍労働として沖縄で最大の雇用の場となっていった。軍雇用員とその労働組合である「全沖縄軍労働組合（全軍労）」[13]は、戦後の沖縄労働運動史[14]に、全軍労闘争という大きな奇跡と軌跡を残していく。全軍労は、日本政府でもかなわない、世界一の権力者である「雇用主・米軍」と対峙して、米軍を法的に支えた、布令一一六号[15]と闘った。当時の全軍労委員長であった上原康助をモチーフにしたテレビ番組[16]の中で、上原の残したノートに「蟷螂の斧」と「自分の微弱な力量をかえりみずに、強敵に反抗することで、はかない抵抗のたとえ」という記述があったことが紹介されていた。それは、米軍やUSCARと対峙する際に、窮地に陥らないように何をなすべきかと自らを戒める言葉であり、軍雇用員が強大な二重の権力によってないがしろにされぬよう、理想を掲げつつ実践的な戦術を練るべきであると自問自答しながら戒めているようでもあった。

全軍労が、燦然と檜舞台に登場するのは、米国が介入・泥沼化した、ベトナム戦争[17]の時代である。ベトナム戦争の激化とともに米軍基地はベトナムへの補給基地・発信基地としてフル活用され、核兵器や毒ガスなどの化学兵器も蓄えられていた。この頃、市内・市外・農村を問わず、戦車・軍用車両が轟音をとどろかせ疾走する日々が続く。米軍基地ゲリラ訓練・渡洋爆撃・緊急出動の態勢訓練が激しくなっていく。一九六五年八月一九日、佐藤栄作首相が沖縄を訪問し、「復帰が実現しない限り我が国の戦後は終わらない」と演説した。その約三か月前の一九六五年五月一四日、米軍は米陸軍輸送部隊所属のタグボート船乗組員に対して南ベトナム行きを要求した。これに対して、全軍労は「戦争への直接加担を要求するものだ」として反対闘争に決起してその撤回を勝ち取った。

北爆の本格化に伴い、米軍は軍雇用員のベトナム行きを強要した（1968年７月）。那覇軍港前の座り込み闘争現場：全駐労沖縄地区本部提供

一九六九年四月九日、再び、米軍の船員のベトナム派遣要求が繰り返された。これについても全軍労は断固とした抗議によってタグボートの出航は見送られた。しかし、米軍は執拗に繰り返しタグボートのベトナム行きを画策した。

### 布令一一六号撤廃への闘いと全軍労の四・二四スト

一九六五年半ば、米国はベトナム戦争に本格的に介入した。一九六五年二月七日の北爆開始後、米軍の基地使用は活発化し、基地被害や米兵の犯罪が激増した。米国と同盟関係にある韓国がベトナム派兵を行った。北朝鮮は韓国に挑発行為を繰り返した。一九六八年二月五日、悪化する朝鮮半島情勢に対する抑止装置として、「黒い殺し屋」と沖縄住民に忌み嫌われた米戦略空軍のB52爆撃機一〇機が嘉手納基地に配置された。

一九六五年五月一八日、全軍労は、臨時的に構成されることになった、在沖米軍の「米軍合同委員会」と初交渉を行った。しかし、沖縄の現地軍当局は権限がないと主張して、布令一一六号撤廃問題や退職金などの労働条件改善のための交渉は難航した。当時、米軍は軍雇用員の給与などについて全額を負担しており、安上がり労働ですまそうとした。

一九六八年二月の春闘方針[18]に基づき、全軍労は上原康助ら組合三役を渡米代表団として、米本国に派遣した。二月二〇日から三月一〇日の約二〇日の日程で、渡米代表団は、ハワイ・ホノルルの米軍太平洋地区司令部、さらにはワシントンの国防省（陸空軍賃金委員会・人事委員会労働関係代表）・国務省・労働省・AFL–CIO（全米労働総同盟）などの関係者と精力的に交渉などを行った[19]。帰国後の三月二一日、沖縄の現地軍当局と再び交渉を行ったが「ワシントンから何らの指示もきていないので何ともいえない」とつれない回答であった。四月二二日、アンガー高等弁務官は全軍労の団体交渉権を認めると発表し、四月二三日、四軍（陸軍・空軍・海軍・海兵隊）合同労働委員会（Joint Services Labor Committee：以下「ＪＳＬＣ」）が設置された。ワシントンでの直接交渉が功を奏し、布令一一六号は実質的に死文化した。全軍労とＪＳＬＣとの間で確立された団体交渉方式は、この時から沖縄の本土復帰まで継続する。

ＪＳＬＣとの団体交渉は直前まで行われたものの不調に終わった。四月二四日、全軍労は「大幅賃上げ」「布令一一六号撤廃」「スト権奪還」を要求して、初の十割年休闘争（年休を行使して行う実質的な全面ストライキ）を行った。二四時間にわたって沖縄全島六〇数カ所の基地機能が一時完全に止まった。日米両政府は大きな衝撃を受けた。当時約五万人いた軍雇用者のうち組合員は約一万八千人で、休暇参加者は非組合員を含めて二万三千人であった。二三年間もの長きにわたる軍雇用員の様々な想いが、決壊したダムのように激流となって噴き出した。全軍労は、異民族支配に抗する「祖国復帰運動」が沖縄全島で高揚する中で、労働運動・民衆運動の主人公として脚光を浴びた。[20]

## B52墜落と二・四ゼネスト中止

一九六八年一一月から一二月にかけて、「三大選挙」と呼ばれた、琉球政府の行政主席公選・立法院議員選・那覇市長選の三大選挙が行われ、革新勢力が大きく勢力を伸ばした。一一月一〇日、自らの政策を「核も基地もない平和な沖縄」と沖縄住民にわかりやすく説明をした、屋

普天間から軍司令部前、石平（現在のキャンプ瑞慶覧在沖米軍司令部の石平ゲート前）まで続くデモ行進（1968年4月28日）。：全駐労沖縄地区本部提供

良朝苗が行政主席に当選した。

その直後の一一月一九日、すでに七月二九日に初めて沖縄からのベトナム爆撃を直接行っていた、B52爆撃機が、嘉手納基地の中に墜落・炎上した。事故現場は、核兵器が貯蔵されていた知花弾薬庫（現在の嘉手納弾薬庫）の目と鼻の先であり、沖縄住民を震撼させた。一二月七日、「B52撤去・原潜寄港阻止県民共闘会議（生命《いのち》を守る県民共闘会議、以下「県民会議」）」が復帰協・二つの沖縄原水協（社会党系と人民党系の両派）・沖縄教職員会・革新三党・県労協等の一三九団体によって結成された。一九六九年二月四日に向け、まさに「島ぐるみ」[21]の政治的要求を掲げた、ゼネスト準備が進められた。

ゼネスト（ゼネラル・ストライキ）とは、労働組合の一組織によるものではなく特定の地域や都市あるいは全国的な規模において様々な産業が一斉に行う政治的ストライキのことである。[22]

一九六九年一月一二日の第一三回臨時組合大会において全軍労はゼネストへの参加を決めた。[23] この動きに対し、琉球列島米国民政府（USCAR）は布令一一六号を改正し、軍雇用員の争議権を大幅に制限する「総合労働布令」[24]を抜き打ち的に公布して、圧力をかけた。米軍の思惑通り、スト実施を主張する「積極派」と回避に傾く「消極派」に分断された。ゼネスト決行に際して予測される軍雇用員への報復解雇に対する救済準備が整っていないという状況判断から、全軍労は「二・四ゼネスト」参加を見送った。全軍労の上部団体であった県労協（約四万七千人、全軍労が、その約半数を占めていた）も主力を欠くことになり、「県民会議」への組織参加を見送った。「二・四ゼネスト」不参加の決定は全軍労が味わった苦い挫折となった。しかし、この後の祖国復帰運動における平和を求める労働運動・

1969年2月4日。教職員会等の民主団体約3万人が嘉手納基地に結集し、激しい抗議デモを行った。それを尻目に凄まじい爆音を立てて発進するB 52。:沖縄タイムス社編『改訂増補版 写真記録 戦後沖縄史 1945-1998』（1998年）124頁。

民衆運動の旗印になるための試練の時でもあった。

二月四日、雨の降るしきる中、会場の嘉手納総合グラウンドでは、ゼネストにかえて、「生命を守る総決起大会」が行われた。約三万人が参加した。

## 六・五スト（銃剣スト）

ベトナム戦争は泥沼化し、アジア地域における米国の軍事的経済的負担は過大化していった。このため、米国はドル防衛政策を打ち出していった。一九六九年の春闘中の四月一六日、ＪＳＬＣは、空軍一五〇人の第一種軍雇用員の大量解雇を発表した。

全軍労は空軍一五〇人とのちに発表された海兵隊の二三人に対する解雇撤回と賃金引上げを要求し折衝に臨んだ。米軍は「スト態勢下の挑発的な団交」には応じられないというかたくなな態度をとった。六月五日、全軍労は「実力行使を決行する」と宣言し、初めてストを公言して全軍労二万人は二四時間ストに突入した。基地の各ゲート前では平和的ピケティングを行っていた。突然、銃剣を水平に構え隊列をつくったＭＰ隊が、リズムをとるかのように足をパンパンと踏み鳴らし始めた。ついには、ピケ隊に突っ込み追い散らすという暴挙に出た。ピケ隊を激励していた安里積千代・社会大衆党委員長ら４人が米兵の銃剣で軽いけがを負った。経済

69年6月5日。銃剣スト:沖縄タイムス社編『改訂増補版 写真記録 戦後沖縄史 1945-1998』(1998年)127頁。

中心闘争であった「六・五スト」に対する雇用主としてあり得ない暴力的な振る舞いは、沖縄だけではなく、この頃ワシントンで沖縄返還交渉を行っていた日米両国の首脳たちに衝撃を与えた。

「六・五スト」後、米軍は報復処分に出て、解雇七人、二日から一〇日の停職三五九人と発表した。これに対して、全軍労・県労協の抗議活動や第二派ストへの構えが強められた。結局、この処分はほとんど撤回され、六九年度春闘要求を含めて「八月一日付け発効、七〇年二月一五日まで」の平和協定が結ばれ、この闘いは収束された。しかし、この平和協定期間中に、さらなる過酷な運命が全軍労を待ち構えていた……。

## 激動の全軍労闘争

一一月二一日、佐藤・ニクソン共同声明によって、「七二年・核抜き・本土並み」沖縄返還が決定した。これは対等な日米関係を築くものでも、沖縄住民の望んだ「即時無条件返還」でもなかった。その主眼は、基地機能を維持・強化しながら、その業務の一部を自衛隊に下請けさせ、人員削減などの経費削減を加速化することにあった。二週間後の一二月四日、平和協定期間中であるにもかかわらず、ＪＳＬＣは軍雇用員二四〇〇人の大量解雇を発表した。一九七〇年一月八日、これに抗して、寒波が到来し降りしきる雨の中、全軍労は第一派ストライキ（～九日）を行った。当時、四八時間にも及ぶストライキに参加した、ある軍雇用員はつぎのように述べている。

〈〝基地撤去、基地縮小〟を望む労働者がなぜ米軍基地で働き、米軍基地を支えるのか、矛盾しているのではないか——と一般にいわれているが、決してそうではない。資本主義体制の中で労働者が生きていくためには、どんな職場でも働かなければならない。基地があるからやむをえず、生活のためそこで働く。基地労働者を受け入れるだけの平和産業があれば、当然そこに行くだろう〉。[25]

軍雇用員は生きるためには、戦争に直結する軍事基地で働き、そこで生活の糧を得るしかなかった。世代わり沖縄では基地を撤去し、その跡地に民間企業などを誘致して、今度は平和産業で働きたいという、苦悩と希望に満ちた自問自答といえる。全軍労は、激動の大量解雇撤回闘争（全軍労闘争）を闘う中で、「クビを切るなら基地を返せ」というスローガンを掲げることになる。

一九七〇年一月八日、ＪＳＬＣはエックスチェンジ支部三役ら六名に報復解雇を行い、両者の対立はさらに先鋭化した。一月一九日、全軍労は第二派一二〇時間ストライキ（～二三日）に突入した。米軍は大量の完全武装兵を出勤させ、説得活動に当たっている全軍労組合員に銃を突き付け追い散らすなどの強行姿勢を取った。また、Ａサイン業者（米軍相手の基地周辺で米軍相手の商売をしているサービス業者）のピケティング破りと妨害行為による挟撃もあった。[26] とはいえ、全軍労の組織の堅固さによって、五日間という長期ストライキでも一五〇か所のピケラインは完全に維持され、第二派一二〇時間ストライキは大きな成果をあげた。大量解雇撤回を要求する団体交渉は、第二派ストライキ前もその間も公式・非公式に行われた。

2400人に及ぶ大量解雇の撤回を要求して全軍労は第１派48時間ストを決行した（70年１月８日）。：全駐労沖縄地区本部提供

全軍労は第三波ストライキの構えをバックに団体交渉や日本政府との離職者対策にかかわる

交渉を強化した。三月二八日、日本政府は退職金の本土との格差を埋めるための一億九千万円の支払を肩代わりし、米軍は処分を七〇％に減じて五〇〇〇人近くの解雇を撤回した。第三波ストライキは、全軍労とＪＳＬＣとの間で「六月三〇日までは集団行動をしない」という暫定協定締結によって収拾された。七月三一日、暫定協定が切れるや否や、米軍は五一六人にのぼる大量解雇を発表した。この解雇の特徴は、ＰＸ・クラブ・食堂などの第二種雇用員を対象にして、パート労働の導入・請負業者への移行にねらいを定めた点にあった。全軍労は、九月一〇日、四八時間ストライキ（～一一日）を行った。九月二二日、全軍労とＪＳＬＣの団体交渉の結果、解雇対象者を二五五人にまで減じることができた。と同時に、ストライキだけでは、解雇の全面撤回はできないことも次第に明らかになった。

## コザ暴動と過熱化する全軍労闘争

一一月二五日、本土では三島由紀夫が市ヶ谷の自衛隊内でクーデターを扇動し、割腹自殺を図った。本土も沖縄も復帰前夜の騒然とした空気感に満ち溢れていた。一九七〇年一二月一九日、美里村（現在の沖縄市）で復帰協主催の毒ガス兵器の完全撤去を要求する県民大会が開催された。一二月二〇日の未明、米軍人が道路横断中の軍雇用員をはねた。この人身交通事故と米憲兵隊の事故処理に憤慨し、コザ市（現在の沖縄市）で民衆が車両を焼き払う「コザ騒動」が起こった。

コザ暴動の翌日の一二月二一日、JSLCは、空軍・マリン（海兵隊）関係を中心にした三千人の大量解雇を発表した。これに対して、翌年の一九七一年二月一〇日、全軍労は、第一波二四時間ストライキ（～一一日）に突入した。各ゲートには全軍労組合員を中心に、支援の県労協組合員がピケを張り、沖縄の労働組合が総力を挙げたストライキが始まった。続く、三月二日、全軍労は、第二波二四時間ストライキ（～三日）に突入し、四月一三日、第三波二四時間ストライキ（～一四日）と反復闘争を繰り返した。第三波ストライキは、県民不在の返還協定を粉砕し、春闘・全軍労闘争の勝利を目指した、本土復帰前最後の県労協の「四・一五統一スト（復帰春闘）」と結合される形で行われた。

五月一九日、復帰協は「沖縄返還協定粉砕」を掲げ、

一夜明け、焼け焦げた車の残骸がコザ騒動の激しさを物語る（＝70年12月20日朝）、軍道24号（現在の国道330号）：琉球新報社提供

「即時無条件全面返還還」による完全復帰を要求して、「五・一五ゼネスト」を実施した。「五・一五ゼネスト」には全軍労も参加し、沖縄全土で一〇万人が参加した。六月一七日、米国務省（ワシントン）と首相官邸の衛星中継でつながれて沖縄返還協定が調印された。同日、復帰協は、県民不在の返還協定に抗議して県民総決起大会が開催された。復帰協は、その後の国会での批准に反対し、一一月一〇日、再度の「一一・一〇ゼネスト」を実施した。

71年11月10日の「11・10ゼネスト」。核基地付きの自由使用を内容とする沖縄返還協定の締結に対する沖縄の民衆・労働者の怒りが爆発した。：全駐労沖縄地区本部提供

一九七二年二月一八日、ＪＳＬＣは、またもや、一六九二人の大量解雇を行った。本土の基地労働者との間の賃金格差是正などを要求した、全軍労による本土と同一の「間接雇用」移行交渉は、米軍が負担増を警戒して進展しなかった。この状況の中で、全軍労は、三月七日、一〇日間の大規模ストライキに突入し、三月二三日、この闘いはついに無期限ストへと発展していく。全軍労は、大量解雇撤回・間接雇用移行闘争に組織の命運をかけて、

無期限ストは三五日間続いた。しかし、そこには米軍の厚い壁が立ちはだかった。四月九日、組合三役によるスト収拾指令とスト収束声明によって、この無期限ストは収束した。

こうして、沖縄は、一九七二年（昭和四七年）五月一五日、祖国復帰の日を降りしきる雨の中で迎えた。軍雇用員は、日本政府を雇用主とする間接雇用制度に移行された。しかし、全軍労は復帰後も休むことができなかった。基地労働者に切り替わっても、解雇は続いたからである。[27]

## 注

1　戦後沖縄史については、中野好夫・新崎盛暉『沖縄戦後史』（岩波書店、一九七六年）、新崎盛暉『未完の沖縄闘争』（凱風社、二〇〇五年）、櫻澤誠『沖縄現代史』（中央公論新社、二〇一五年）、国場幸太郎著・新川明・鹿野政直編『沖縄の歩み』（岩波書店、二〇一九年）を参照した。

2　沖縄戦の戦没者は、米国側一万二五二〇名、日本側一八万八一三六名。日本側の沖縄県出身者の戦没者数は、軍人・軍属二万八二二八名、戦闘参加者（準軍属）五万五二四六名、一般住民三万八七五四名、計一二万二二二八名とされている。

3　米軍は土地に地下相当額を払って永代借地権を得るという事実上の買い上げとして「軍用地一括払い」を行おうとした。一九五四年六月二〇日、住民は「一括払い反対」「適正補償」「損害賠償」「新規接収反対」という土地を守る四原則を掲げ、「島ぐるみ土地闘争」に突入する。この頃、那覇市長として、米軍の圧政と闘った瀬長亀次郎の言葉に「一リットルの水も、一粒の砂も、一坪の土地もアメリカではない」というものがある。

4　第三海兵師団は岐阜県と山梨県に駐留していた。この点は、山本章子「1959年代における海兵隊の沖縄移転」屋良朝博他編『沖縄と海兵隊 駐留の歴史的展開』（旬報社、二〇一六年）二五頁参照。

5　沖縄の米軍基地問題については、前泊博盛『沖縄と米軍基地』（角川書店、二〇一一年）、林博史『米軍基地の歴史 世界ネットワークの形成と展開』（吉川弘文館、二〇一二年）、池宮城陽子『沖縄米軍基地と日米安保 基地固定化の起源 1945-1953』（東京大学出版会、二〇一八年）、古関彰一・豊下楢彦『沖縄 憲法なき戦後』（みすず書房、二〇一八年）、野添文彬『沖縄米軍基地全史』（吉川弘文堂、二〇二〇年）。

6　川名晋史『基地の消長 1968-1973』（勁草書房、二〇二〇年）に基づけば、沖縄の本土復帰に連動するかのように、本土では「関東計画」が実施された。これによって、米軍基地の削減・集約化・

高層化と自衛隊基地への転換が行われ、本土での米軍基地は不可視化されていった。

7　新崎盛暉『日本にとって沖縄とは何か』（岩波書店、二〇一六年）の「はじめにi頁」において、連合国（実質的に米国）の占領政策は、天皇制の利用・日本の非武装化・沖縄の分離軍事支配という三点セットを基本として出発したが、この基本枠組みは日本の主権回復後は、「沖縄の構造的差別」として、対米従属的日米関係の矛盾を沖縄にしわ寄せすることによって、日米関係（日米同盟）を安定させる仕組みとして、日本政府に利用されているとの指摘がある。

8　米国軍政府から米国民政府と改められた後、琉球列島を統括する軍政長官は民政副長官となり、琉球軍司令官が担当した。民政長官は極東軍総司令官が兼任した。琉球列島の立法・行政・司法の三権分立は、米国民政府に服属し、米軍による軍事占領が優先された。一九五七年六月五日、大統領行政命令一〇七一三号に基づき高等弁務官制が布かれ、琉球軍司令官が高等弁務官として統治を行うことになった。高等弁務官は、琉球政府行政主席・琉球上訴裁判所裁判官の任命権をもち、立法院が議決した法律の修正権・拒否権をもち、自ら布告・布令・指令を公布できる絶対的権力者であった。

9　琉球政府では、行政（行政主席）・司法（琉球上訴裁判所）・立法（立法院）という三権分立制に基づく住民側の自治機能が整い、米軍の直接統治から間接統治に移行した。しかし、GHQ統治下の本土と比べてもその自治は極めて限定されたものであった。例えば、行政主席が公選制になり、屋良朝苗が選挙で行政主席になるのは、復帰直前の一九六八年一一月一〇日のことであった。琉球政府の上位には、絶対的権力者としての、USCARとそこから発せられる「布告」「布令」「指令」があった。「軍政府は猫で沖縄は鼠である。猫の許す範囲でしか鼠は遊べない」という有名なフレーズがある。

10　上原康助『基地沖縄の苦闘—全軍労闘争史』（創広、一九八二年）、全駐労沖縄地区本部『全軍労・全駐労沖縄運動史』（全駐労沖縄地区本部、一九九九年）を参照。

11　軍労働・軍雇用については、石川真生・國吉和夫・長元朝浩著『これが沖縄の米軍基地だ　基地の島に生きる人々』（高文研、一九九六年）、沖縄タイムス社著『基地で働く 軍作業員の戦後』（沖縄タイムス社、二〇一三年）。

12　軍雇用員は、①第一種雇用員：割当資金＝米国政府予算から支払いを受ける者、②第二種雇用員：非割当資金＝PX・クラブ・食堂・その他のサービス機関でその機関運営する利潤から支払いを受ける者、③第三種雇用員：軍人・軍属の個人に雇用される者で、庭師・運転手等、メイドや家庭従業員はこれに入らない、④第四種雇用員：米国政府と契約履行中の民間の請負業者に雇われている者に分類された。第一種雇用員は、労働組合の結成と団結は認められたが団体交渉権はなくストライキも禁止されていた。第二種雇用員も同様な状況にあった。

13　全沖縄軍労働組合連合会（全軍労連）が一九六一年六月一八日に結成され、次々と組織化を進め、一九六二年七月一四日に単一組織として全沖縄軍労働組合（全軍労）に移行された。

14　沖縄労働運動の統一組織、全沖縄労働組合連合会（全沖労連）は一九六一年六月一七日に結成されたが、民間組合の脱退等で分裂し紆余曲折を経て、一九六四年九月二五日に沖縄県労働組合協議会（県労協）として再建された。

15　琉球政府立法院が制定した、労働組合法・労働関係調整法・労働基準法を中心とする「民労働法」体系から、軍雇用員を適用除外とするために、USCARが公布した布令一一六号「琉球人被用者に関する労働基準および労働関係法」のこと。布令一一六号については、南雲和夫『占領下の沖縄 米軍基地と労働運動』（かもがわ出版、一九九六年）三三頁、幸地成憲先生論文集刊行会『米軍統治下の沖縄労働法の特質』（若夏社、一九九九年）一五二頁。

16　「基地で働き 基地と闘う」二〇一八年六月二三日NHK放送。

17　ベトナム戦争は、正式な宣戦布告がなかったので、いつ始まったのかはっきりしない。戦争の起点は、北ベトナムが南の武力解放に踏み切った一九五九年一月一三日、民族解放戦線（NLK）が設立された一九六〇年一二月二〇日、米国が一九五四年のジュネーブ協定を無視して軍事顧問等の増派を決めた一九六一年四月二九日、一九六四年四月二八日の北ベトナム魚雷艇による米駆逐艦への攻撃（「トンキン湾事件」）とそれに対するアメリカの報復爆撃（「ピアス・アロー事件」）、一九六五年二月七日の北ベトナム爆撃（北爆）開始（「フレーミング・ダート作戦」）、一九六五年三月二日の北爆恒常化（「ローリング・サンダー作戦」）の何れかである。ベトナム戦争については、松岡完『ベトナム戦争 誤算と誤解の戦争』（中央公論新社、二〇〇一年）、石川文洋『ベトナム戦争と私 カメラマンの記録した戦場』（朝日新聞出版社、二〇二〇年）参照。

18 春闘とは、春（毎月二月頃）から労働組合が経営側に一斉に賃上げ（ベースアップ）や労働条件改善のための交渉を行うことをいう。日本では企業別組合が主流であるため個別の企業ごとの交渉力に差があり、ひとつの組合だけでは交渉力が弱いという弱点がある。このため、毎年同じ時期に各企業や各産業の労働組合が団結して交渉力を高めることで要求を実現する狙いがある。なお、当時の全軍労や今日の全駐労は、日本では珍しい産業別労働組合である。

19 全軍労の主な要求は、①労使交渉による賃金決定（団体交渉権の付与）、②退職手当・賃金等の労働条件改善、③第四種の第一種切り替えと労働条件改善、④布令一一六号撤廃、⑤四軍が統一して交渉できる機関の設置などであった。国防省の解答は、①については、(1)労使交渉による賃金改定は国防省の規則規定に基づいてしか賃金決定はできず、この方式を改めるには米国の法を改正するしかない、(2)現行制度の枠内で現地においての賃金改定は可能である、(3)主権国家間では両国間の協定締結によって労使関係が規制されるが沖縄は特殊な地位にあり国防省の政策に基づく賃金改定しかできない、(4)現行の賃金決定方式については、三月一五日までに四軍の意見を米国内の陸空軍賃金委員会に提出して結論を出すというものであった。④については、米国政府公務員においては、スト権・団交権が否認されており、軍雇用員も同様に解されるというものであった。なお、労働省の意見は団交権については何らかの権利が与えられるべきというものであった。

20　ＪＳＬＣは報復措置をとらず、全軍労と七回にわたる団体交渉を行った。五月一一日、全軍労の賃上げ要求がある程度認められた形で、画期的な「春闘」妥結の覚書が交わされた。

21　二・四ゼネストの経緯について、秋山道宏『基地社会・沖縄と「島ぐるみ」の運動―Ｂ52撤去運動から県益擁護運動へ』（八朔社、二〇一九年）。成田千尋「2・4ゼネストと総合労働令―沖縄保守勢力・全軍労の動向を中心に―」『人権問題研究』一四号（大阪市立大学、二〇一四年）一四九頁、高良鉄美「復帰直前期の沖縄における憲法状況：立法院における決議、議論等を題材に」『琉大法学』九三号（琉球大学、二〇一三年）五頁。

22　当時の共産党と左翼勢力によって、一九四七年二月一日の実施が計画された「二・一ゼネスト」が有名である。吉田茂政権を打倒し、共産党と労働組合の幹部による民主人民政府の樹立を目指したストであった。決行直前に、ＧＨＱのマッカーサー司令官の指令によって中止され、戦後日本の労働運動の方向を大きく左右した。

23　闘争宣言には、「Ｂ52撤去闘争は、直接軍事基地に働く軍労働者にとっても厳しくかつきわめて困難を伴うたたかいであるが、基地労働者といえども『生命あっての生活』であり、人間としてのぎりぎりの要求を実現するために今こそ県民とともに決起しなければならない。……われわれは、軍権力のいかなる弾圧をもはね返し、『Ｂ52即時撤去、原潜寄港阻止、一切の核兵器撤去』をあくまで要求し、県民共闘、県労協に結集した仲間と共に、断固としてたたかい抜くことをあきらかにするものである」とゼネストの意義が述べられている。

24　総合労働布令一〇条は、非合法活動について、「すべての人は、軍または重要産業の活動を阻害する目的あるいはその効果をもつピケ、集会、またはデモを行うことを明白に禁止される。いかなる人、労働組合、または労働組合の代表といえども、労働者がその職場に行くことをいかなる手段によっても妨害してはならず、また軍基地や指定重要産業の活動あるいは米民政府の管理下にある土地で遂行される仕事を妨害する目的、あるいはその効果をもつ一切の行動に従事してはならない」とし、同布令二四条B項は、その違反に対して、「千ドル以下の罰金、または一年以下の禁固、もしくは両刑に処する」と規定していた。ここでいう土地には、軍用道路（今の国道五八号線）も含まれていた。同布令は米軍の一方的解釈によって、軍雇用員の労働基本権を奪うだけではなく、沖縄住民の集会の自由や言論の自由といった大衆運動の規制をも意図したものであった。同布令の施行は、一月二三日、無期限延期された。同布令の法的評価については、幸地成憲「沖縄・『総合労働布令』と『二・四ゼネスト』」幸地成憲先生論文集刊行会『米軍統治下の沖縄労働法の特質』（若夏社、一九九九年）二三七頁。

25　全駐労沖縄地区本部『全軍労・全駐労沖縄運動史』（全駐労沖縄地区本部、一九九九年）一九三頁。

26　米軍は、米軍人・軍属・家族に、特別警戒警報「コンディション・グリーン（特定民間地域への立ち入り禁止）」さらに「コンディション・グリーン・ワン（実質的な外出全面禁止）」を発令した。表向きの理由は、米軍人が民間地で不要のトラブルを避けることにあった。しかし、その実質は、Aサイン業者の収入源を絶ち、基地周辺の経済を疲弊させることで、全軍労のストライキに無言の圧力をかけるところにあった。

27　全軍労運動の歴史的素描について、主として、全駐労沖縄地区本部編『全軍労・全駐労運動史 写真集』（全駐労沖縄地区本部、一九九九年）を参照した。

第三章

# 自衛隊と新安保法制・有事法制

## 第一節　新安保法制・有事法制と労働者の権利義務

### はじめに

二〇一五年九月一九日、いわゆる「安保法制」が国会で成立したものとされ、現在までにその一部が実施されてきている。ここでは、この「安保法制」関係法の内容と制度を、日米安保条約関連の法制度と多少とも区別するため「新安保法制」と呼ぶことにするが、この新安保法制は、日本を「戦争をする国、できる国」に変質させたともいわれるように、日本がアメリカなどの戦争に参戦し、または巻き込まれる危険と機会を格段に増大させた。「戦争法制」とも称されるゆえんである。

それはとりも直さず、公共機関や民間企業などで働く労働者も、有事・準有事に対応する危険な業務に従事することを求められる可能性が増大したことを意味する。ここでは、この新安保法制の下での諸制度が、従来からのいわゆる有事法制とあわせて、国民・市民、とりわけ労働者の地位にどのようにかかわり、どのような権利義務の制約や業務上の危険をもたらしているかに焦点を当てて検討する。

新安保法制のメインは、集団的自衛権は憲法九条に違反するから行使できないとされてきたそれまでの定着した政府自身の憲法解釈を覆して、「存立危機事態」と命名された事態において集団的自衛権の行使を容認し、アメリカに代表される他国の戦争に日本が参戦できることとした点である。そのほかにも、戦争をする他国軍隊の後方支援（兵站活動）やＰＫＯ活動を危険な領域にまで広げるなど、日本の防衛法制ないし安全保障法制にきわめて重大な変容を加えている。[1]

しかも、新安保法制の国会審議に先行して合意された新たな「日米防衛協力のための指針」（新ガイドライン）は、新安保法制を前提として、日米同盟の緊密化・一体化を従来に増して強力に推進しようとするものである。例えば、そこでは米軍基地と自衛隊基地の共同使用の推進も繰り返し強調されている。いま、新安保法制と新ガイドラインの下で、自衛隊が米軍と一緒に戦う体制づくりが加速している。

ここでは、まず、新安保法制の概要と有事法制との関係を述べ、それが国民・市民・労働者の立場や権利義務にどうつながっているか、その制度面を検討し、その後に、具体例を検討することとする。

## 新安保法制・有事法制の概要

### (1) 新安保法制の趣旨と性格

新安保法制は、二〇一四年七月一日の閣議決定「国の存立を全うし、国民を守るための切れ目のない安全保障法制の整備について」において、日本を取り巻く安全保障環境が根本的に変容し、脅威が世界のどの地域において発生しても日本の安全保障に直接的な影響を及ぼしうる状況になっているなどとの情勢認識のもと、国民の命と暮らしを守るとともに、国際社会の平和と安定に積極的に貢献するために、「切れ目のない対応」を可能とする国内法制を整備しなければならない、とされたことに基づいて制定されたものである。

ここで「切れ目のない」法整備というのは、平時ないしグレーゾーンから有事に至るまでをカバーして、さまざまな状態ないし事態に対して切れ目なく政府や自衛隊が対応できるようにする法体制の整備のことである。そして、外国の戦争にみずから進んで参加していくものとしての集団的自衛権の行使をはじめ、日本有事に至るまでの国際紛争の諸相に、従来自衛隊ができなかったことをできるようにするなどして、軍事的に積極的に対応していこうとするものである。それはいきおい、日本の国や自衛隊が国際的な武力紛争にかかわり、巻き込まれる危険、日本が有事に至る危険やテロ攻撃の対象とされる危険を拡大するものとなる。

この新安保法制は、自衛隊法をはじめ有事等に関する法律一〇件を改正し、一件の法律を新たに制定するものであった。[2]

### (2) 各種「事態」について

新安保法制の具体的内容に入る前に、有事法制や新安保法制にはさまざまに命名されたいくつもの「事態」が登場するので、用語の混乱を避けるため、これら各種「事態」の定義をまとめて掲げておく（一部簡略化）。[3] ごく大雑把にいうと、以下の①から⑥は、③を除き、日本に対する戦争の切迫度が高い順だとイメージできる。

① 武力攻撃事態＝我が国に対する武力攻撃が発生した事態又はその明白な危険が切迫していると認められるに至った事態（事態対処法二条二号）

② 武力攻撃予測事態＝武力攻撃事態には至っていないが、事態が緊迫し、武力攻撃が予測されるに至った事態（同条三号）

③ 武力攻撃事態等＝武力攻撃事態及び武力攻撃予測事態（同法一条）

④ 存立危機事態＝我が国と密接な関係にある他国に対する武力攻撃が発生し、これにより我が国の存立が脅かされ、国民の生命、自由及び幸福追求の権利が根底から覆される明白な危険がある事態（同法二条四号）

⑤　重要影響事態＝そのまま放置すれば我が国に対する直接の武力攻撃に至るおそれのある事態等、我が国の平和及び安全に重要な影響を与える事態（重要影響事態法一条）

⑥　国際平和共同対処事態＝国際社会の平和及び安全を脅かす事態であって、我が国が主体的かつ積極的に寄与する必要があるもの（国際平和支援法一条）

### (3)自衛隊法の改正

日本の防衛法制の基本法は自衛隊法である。自衛隊法は、自衛隊の任務、組織、隊員の地位、自衛隊の行動・権限などを定めるが、他の法律で具体的内容を定める任務・行動なども含めて、すべて自衛隊法に根拠規定を設ける構造になっている。

自衛隊の主たる任務は「我が国の防衛」であり、従来は武力攻撃事態等において自衛隊の防衛出動がなされ、武力の行使ができるとされていたが、新安保法制による改正で、集団的自衛権の行使に該当する存立危機事態における防衛出動と武力の行使も可能とされた（同法七六条一項、八八条）。すなわち、従来は日本に対する外部からの武力攻撃が発生した場合にはじめて、これを排除するために自衛隊は武力を行使することができるとされていたところ、日本が武力攻撃を受けておらず、例えば、外国の領域でアメリカに対する戦争が始まった場合でも、このような「存立危機事態」に該当する場合には、自衛隊が外国まで出かけて行って武力の行使をすることができることになった。これが、集団的自衛権の行使である。国会審議中にたびたび挙げられたのは、ホルムズ海峡が機雷で封鎖された場合、石油の輸入が途絶え、日本の存立にかかわるから、自衛隊がホルムズ海峡に出向いて機雷除去をするという例であった。

そのほかにも、自衛隊法の改正では、在外邦人の救出のために武装勢力の妨害を排除するなどの任務遂行のための武器使用を認めた新設規定（八四条の三、九四条の五）のほか、いわゆるグレーゾーンにおいて、米軍等に対して武力攻撃に至らない侵害があった場合に、米軍等の武器等（艦船・航空機をも含む）を防護するため、自衛官が武器を使用することができることとした、「米軍等の武器等防護」の規定（九五条の二）が重要である。現に、米軍の艦船・航空機の防護のための防衛大臣による警護命令は、自衛官が実際に武器使用をする事態には至っていないものの、この間すでに繰り返し発令されてきている。

### (4)有事法制とその改正

「我が国に対する外部からの武力攻撃が発生した事態」（自衛隊法七六条。武力攻撃事態）、つまり日本の領土が外国から武力攻撃を受けている戦争状態を典型とする、いわゆる「有事」について、これに対処する「有事法制」が、二〇〇三年と二〇〇四年に整備された。

有事法制の中心的なものに武力攻撃事態等対処法（事態対処法）と国民保護法があるが、ほかに、有事における米軍等支援、港湾・飛行場等の特定公共施設の優先利用、敵性船舶の停船検査・回航措置、捕虜の取扱いなどを定める法律がある。

① 事態対処法　有事法制の中心になる法律で、「武力攻撃事態等」における対処の基本理念、地方公共団体・指定公共機関[4]等の責務、国民の協力、政府による「対処基本方針」の策定と国会の承認、事態対策本部の設置、自衛隊の武力の行使や国民保護に関する「対処措置」の策定・実施などを定める。新安保法制は、ここに「存立危機事態」における対処の内容・手続などを付け加えた。これらの国民・市民へのかかわりは、後述のとおり大きい。

② 国民保護法　「武力攻撃事態等」において、国民の生命・身体・財産を保護し、国民生活・国民経済への影響を最小とするため、国・地方公共団体・指定公共機関等の責務、国民の協力、国民保護計画等の策定、住民の避難に関する措置、避難住民等の救援に関する措置、武力攻撃災害への対処に関する措置、国民生活の安定に関する措置などを定める。国民保護法の新安保法制による改正はなく、存立危機事態への直接の適用はないという建前がとられているが、無関係でないことは後述のとおりである。

### (5)重要影響事態法（周辺事態法の改正）

重要影響事態に対処する米軍等に対し、「後方支援活動」として自衛隊による物品・役務の提供を行うことなどを定め、武力の行使等をしている米軍等へのいわゆる兵站活動を自衛隊が行うための法律である。

従来、日本周辺地域を対象にしていた周辺事態法を改正し、その地理的制約を取り払い、支援対象を米軍以外の外国の軍隊にも拡大し、また、従来自衛隊の活動を「後方地域」（活動の期間を通じて戦闘行為が行われることがないと認められる地域）に限定していたのを、「現に戦闘行為が行われている現場」（戦闘現場）以外の戦闘地域にまで拡大し、さらに弾薬の提供や戦闘作戦行動のために発進準備中の航空機への給油・整備までも解禁した。米軍等が行っている「武力の行使との一体化」、つまり自衛隊の支援活動が米軍等と一緒に武力の行使をしているのと変わらない状態になりかねないことが危惧される。

### (6)国際平和支援法

国際平和共同対処事態に対処して武力の行使等をしている外国の軍隊に対し、重要影響事態法と同様の内容の「協力支援活動」（兵站活動）などを行うもので、時限立法だったテロ特措法[5]やイラク特措法[6]による協力支援活動などを、恒久法としていつでもどこでも可能としたものである。これら特措法でも、やはり自衛隊の活動が前記「後方地域」と同様のいわゆる「非戦闘地域」に限定され、物品・役務の提供の範囲も限定されていたのに対し、国際平和支援法はこれらを拡大したものであり、重要影響事態法の場合と同様、外国軍隊の「武力の行使との一体化」に、容易に陥りかねないことが危惧される。

(7) ＰＫＯ協力法の改正

従来は国連が統括する「国際連合平和維持活動」だけに参加することとしていたのを、国連が統括しない有志連合による「国際連携平和安全活動」にも参加できるようにした。また、住民保護・治安維持等のためのいわゆる「安全確保活動」や、活動関係者の救出等の「駆け付け警護」の業務を追加し、その任務遂行目的のための強力な武器使用を認め、さらに、他国部隊と共にする宿営地共同防護のための武器使用をも可能とした。南スーダンＰＫＯでは現に、自衛隊の部隊に対して駆け付け警護の新任務の付与が行われ、ことが起これば実際に駆け付け警護が発動される事態もありえたし、他国のＰＫＯ部隊との共同宿営地であったトンピン地区では、いつ共同した武器使用が行われてもおかしくない危険な状況が現に生じていた。

## 各種事態における措置と国民とのかかわり

以下、各種事態でとられる措置が国民・市民にどのようにかかわるか、その主なものを述べるが、ここで地方公共団体・指定公共機関・民間企業等が責務を負ったり協力したりする場合、そこで働く労働者がその危険な業務への従事を求められることが、絶えず念頭に置かれるべきである。[7]

⑴武力攻撃予測事態の場合

武力攻撃予測事態の段階でも、予備自衛官[8]の招集（自衛隊法七〇条）、自衛隊の展開予定地域内での陣地など防御施設の構築と土地の強制使用、武器の使用等（同法七七条の二、九二条の四、一〇三条の二）、自衛隊の国民保護派遣（同法七七条の四、九二条の三）などができるようになっている。

⑵武力攻撃事態等の場合

武力攻撃事態等においては、対処基本方針が定められ、事態対策本部が設置されたうえ、対処措置として、①武力の行使、部隊の展開等の措置、②国民の生命・身体・財産の保護等の措置がとられる（事態対処法二条八号イ・ロ）。

ここでは、国・地方公共団体・指定公共機関が、国民の協力を得つつ、相互に連携協力し、万全の措置が講じられなければならないとされる（同法三条一項）。地方公共団体や指定公共機関は必要な措置を実施する責務を有する（同法五・六条）。国民は「必要な協力をするよう努めるものとする」と定められている（同法八条）。また、事態対策本部長は、対処措置の実施のために、地方公共団体の長、指定公共機関等に対して「総合調整」を行うことができ、これに支障がある場合などには総理大臣が地方公共団体の長等に実施の指示をし、さらには直接執行も可能とされている（同法一四条・一五条）。

そして武力攻撃事態等においては、国民保護法による措置が広範に実施される。国民保護措置の直接の実施主体は地方公共団体及び指定公共機関であり、その実施の責務を有する（同法三条）。国民は必要な協力に努めるものとされる（同法四条）。具体的には例えば、各事業者等につぎのような措置義務や協力義務が課されている。

① 住民の避難措置に関して、病院等の協力（六五条）、運送事業者の運送応諾義務（七一条）など。

② 避難住民の救援措置に関して、日本赤十字社・電気通信事業者・運送事業者の救援協力義務（七七〜七九条）、特定物資の所有者への物資売渡し要請・保管命令・収用、土地等の強制使用、立入検査等（八一〜八四条）、医療関係者への医療要請（八五条）など。

③　国民生活の安定措置に関して、電気・ガス・水道事業者、運送・電気通信・郵便・一般信書便事業者、医療機関の措置義務（一三四〜一三六条）など。

(3)武力攻撃事態の場合

武力攻撃事態において防衛出動が発令された場合、自衛隊は公共の秩序の維持のために国民の保護・避難措置や立入措置、一定の武器使用等ができる（自衛隊法九二条）。また、防衛出動時の自衛隊の自衛官は、一般交通の場所でない土地や水面を通行できるとされる（同法九二条の二）。

また、武力攻撃事態における典型的な強制措置として、自衛隊法一〇三条の規定がある。これは、自衛隊の行動地域において、知事が、①病院等一定の施設の管理、②土地・家屋・物資の使用、③業務上取扱物資の保管・収用を命ずるもので、緊急の場合には防衛大臣等の直接執行も可能とされる。さらにとくに必要なときは、自衛隊の行動地域以外の一定地域で、知事が、①②③のほか、④医療・建築土木工事・輸送業者に対し業務従事命令を発することができるとされる。

(4)存立危機事態の場合

存立危機事態においては、地方公共団体・指定公共機関の責務や国民の協力は、直接には規定されていない（事態対処法六〜八条参照）。また、国民保護法は存立危機事態を直接の適用対象とはしていない。しかし、存立危機事態においても、武力攻撃事態等と同様に対処基本方針の策定、事態対策本部の設置がなされ、対処措置として①武力の行使等および②国民の保護等の措置が実施される（事態対処法二条八号ハ・ニ）。そしてこの場合も、国・地方公共団体・指定公共機関の連携協力の規定が適用されるし（同法二条一項）、事態対策本部長から地方公共団体の長等に対する「総合調整」もなされうる（同法一四条）。そして実際上、存立危機事態に該当するような状況は、同時に武力攻撃事態等にも該当することが多いといえる。[9]

(5)重要影響事態、国際平和共同対処事態およびＰＫＯ活動の場合

この三つの場合は、法律の規定は若干異なるものの、基本的に、国の機関は地方公共団体その他国以外の者に、必要な協力を求めることができる旨が定められている（重要影響事態法九条、国際平和支援法一三条、ＰＫＯ協力法三一条）。重要影響事態では対応措置全般についての協力、国際平和共同対処事態とＰＫＯにおいては、国の措置では不十分な場合に物品の譲渡や役務の提供の協力を求めることができるなどとされている。

(6)小括

以上のように、有事を含む各種「事態」においては、自衛隊の行動を通じて、あるいは国に

よる対策等、地方公共団体の責務、指定公共機関の責務、さらには民間企業や民間人への直接の義務付けないしは協力要請という形を通じて、国民・市民に対する広範な権利制限、義務付けなどがされることになっている。しかも、自衛隊法一〇三条にみられるように、あるいは国民保護法に多数みられるように、その措置の主体の多くは都道府県知事や市町村長とされている。

そこでまず、地方公共団体がその責務を果たすためには、その職員（地方公務員）に対する職務上の指示・命令がなされることになる。住民の避難・救援・医療・生活安定などの国民保護措置の最前線に立つのもこれら職員である。物資の使用・保管命令・収用などや、医療・土木建築・輸送業者への業務従事命令などの強制的措置の実務も、自治体職員が行うことになる。そこでは、民間業者やその雇用労働者との厳しいやりとりを強いられよう。

また、指定公共機関・地方指定公共機関は前記のように極めて広範囲に指定されており、これらの機関が国民保護業務計画の実施を含め、武力攻撃事態その他の事態等において求められている責務や協力を遂行するためには、その雇用労働者が、これら業務への従事を事業主から命じられることになる。

さらに指定公共機関でない民間企業なども、各種事態で、義務付け、要請などを受け、実際上これらへの協力を拒否することは困難なことが多いであろう。

　こうして、国家公務員を含め、地方公務員、公共機関の労働者、さらには民間企業の労働者も、任命権者・雇用主の業務命令への服従義務の下で、みずからの生命・身体の危険をも伴いながら、さまざまな局面での戦争遂行と国民・住民保護のための業務を遂行すべき立場に置かれることになるのである。

## 契約による民間企業・労働者の戦争動員

### (1) ナッチャンWorldと予備自衛官

　新安保法制の施行を目前にした二〇一六年三月一一日、防衛装備庁は、「民間船舶の運航・管理事業に関する事業契約書」なるものを、この事業のために設立された高速マリン・トランスポート株式会社との間で取り交わした。これは、同日から二〇二五年末まで約一〇年間、同会社が所有する船舶を対象に、一定の運航・管理事業を総額約二五〇億円で発注するというもので、「ナッチャンWorld」と「はくおう」の二隻のフェリーがその対象とされた。

　その事業の内容は何かというと、自衛隊の迅速かつ大規模な海上輸送能力・展開能力を効率的に確保するため、平時には当該民間会社が二隻の船舶を維持・管理して一般の収益事業に使

「ナッチャンWorld」、平成30年5月、横須賀久里浜港にて撮影（提供: 高城 琢磨）。

用しながら、自衛隊の訓練や災害派遣など自衛隊の輸送が必要なときは優先的に運航するものとし、防衛出動など有事の場合には自衛隊がその船舶を借り上げて自衛官が乗り組み、自衛隊員や武器の輸送などのために運航するというものである。[10]

これは、防衛省が、隊員や武器を運ぶ大型輸送船とその運航に当たる自衛官が足りないため、民間の船や人材を活用しようとするものだが、新安保法制によって海上自衛隊の活動範囲が大きく拡大されたことに対応しようとするものとみられる。

そして注目すべきは、当該民間会社が船員を雇用するに当たっては予備自衛官又は予備自衛官希望者を採用し、防衛省が予備自衛官として任用し、有事に際しては自衛官としてそのまま操船などに当たることとされていることである。[11]乗務する船員（予備自衛官）は、ふだんは民間の海運事業の仕事を行うものとして採用されながら、有事、準有事などになれば戦場にもかり出され、それを拒否できない立場に置かれることになる。そして、それらのことを了解しなければ採用されないし、採用後にその業務への従事を拒否すれば、解雇その他の処分を受け、失職することを覚悟しなければならない。

防衛省は、予備自衛官への志願を強制することはないよう求めているというが、全日本海員組合は「事実上の徴用で断じて許されない」との声明を発表した。民間の船舶や船員の有事活用が実現へ一歩踏み出したとみられている。[12]

### (2)これまでの戦争と契約による動員

民間企業とその労働者を、契約を通じて戦争にかり出す方法は、これまでも基本的な方法だったといえる。

たとえば、アフガン戦争の際、テロ特措法に基づきアラビア海で米軍などの艦艇に給油するため自衛隊の補給艦や護衛艦が派遣されたが、その自衛隊の艦船の修理のために民間技術者が動員された。二〇〇二年七月から二〇〇三年一二月までの間に一〇回にわたって、いわゆる軍需産業の民間技術者のべ三二名が現地に派遣されており、これは、海上自衛隊横須賀総監部と各企業との間で随意契約としてなされた請負契約によるものであったことが報告されている。[13]

イラク戦争に対する日本の支援活動では、武器弾薬も含む装備品等や人員の輸送は、その九九%が民間の航空機や船舶によってなされたが、イラク特措法一九条には国以外の者に役務の提供等の「協力を求めることができる」との規定があったにもかかわらず、この輸送等の契約は、この規定に基づいたものではなく、任意の契約によるものだったという。航空会社は、日本の航空法上の問題もあり、基本的に外国の航空会社が利用されたが、二〇〇六年七月から九月の陸上自衛隊のイラクからの撤退に際しては、日本航空が隊員を輸送した。[14]

また、新安保法制に基づき、南スーダンＰＫＯにおける駆け付け警護の新任務が第一一次隊に付与されたが、日本航空関係者によれば、その南スーダンへの輸送は日本航空機がチャーターされて行われている。これも任意のチャーター契約に基づくとみられる。

## 危険な業務の強制のシステム

「各種事態における措置と国民とのかかわり」のところで述べたように、新安保法制や有事法制は、各種「事態」に応じて、企業や国民・市民に対する協力要請、「調整」、努力義務、責務、命令、強制などの規定を用意している。

もっとも、民間企業や労働者が戦争関連業務にかり出されるのは、まずは任意の契約によるものとされ、法律上の協力要請の規定さえも根拠として適用されていない実態がある。しかし、いざというとき政府から、そのような規定によって強制や拒絶不可能な要求がなされうるという法制度がシステムとして整備されることによって、「任意の契約」も「自由」ではなく事実上強制されたものとなる。それは、戦争遂行体制のための「強制のシステム」ということができるだろう。軍需産業や国策会社が要請を断れないのは見やすい道理であるし、その企業が指定公共機関ないし地方指定公共機関に指定されていれば、要請された措置はいずれ「責務」となる。

前述したように、契約であれ法的な義務であれ、公共機関や民間企業が戦争の遂行ないし後方支援のための輸送その他の業務を実施しようとすれば、そこに働く労働者がその危険な業務に従事することを求められる。命の危険を背負うのは労働者であり、その業務従事命令を拒否すれば解雇その他の不利益処分を覚悟しなければならず、その生活は家族を含めて危殆に瀕することになる。

### 交通運輸労働者の受難と危険

ここでは交通運輸労働者を例に、その立場の危険性の一端をみておく。

アジア太平洋戦争に際しては、全国の船舶は国家管理とされ、船員も船員徴用令によって総動員されて、戦争遂行のための輸送に従事させられた。これら兵站を担った船舶に対する米軍の攻撃は熾烈を極め、統計上残されている数字として、軍用船を除く失われた船舶数は七二四〇隻、死亡した船員六万六〇八名、船員の損耗率は四三％で、陸軍二〇％、海軍一六％を大きく上回った[15]。

アメリカが本土空襲を本格化させた一九四四年半ばから敗戦まで、当時の国鉄の被害も大きかった。国鉄の調査によれば、爆撃四〇三回、機銃掃射四九四回など、被害は駅一九八か所、機関車八九一両、客車二二二八両、電車五六三両、貨車九五五七両など、職員の死者は原爆被害を除き一〇七三名、負傷者三一五三名となっている。しかし、このような激甚な攻撃にもかかわらず、鉄道員は破壊された線路を懸命に修復し、敗戦の当日も日本中で列車は走り続けていた[16]。

このように、交通運輸産業は、政府から最大限利用されると同時に、敵対国の最も有力なターゲットとなる。その狭間で、危険な業務遂行を命じられる典型的な例が、交通運輸産業労働者である。

なお、民間航空機もこれまで、国際紛争の狭間で、繰り返しテロなどの標的になってきた。

国際民間航空条約（ＩＣＡＯ条約）は、大韓航空機事件をきっかけに、国際法の原則とされていた民間航空機に対する武器不使用原則を明文化した（一九八四年）。しかし、国にチャーターされて軍需品などを輸送する民間航空機は、「国の航空機」として攻撃されることがありうる。また、日本の航空法では爆発物などの輸送を禁止しているが（同法八六条）、政府は軍需品でも一定の包装方法などの安全基準を満たす場合には、その輸送も可能との解釈をとっている。そして、民間航空機の軍事利用も、前記のように拡大してきており、新安保法制の下でその運航に従事する労働者の業務にも危険が増大している。

## 基地労働者とミッション・エッセンシャル（ＭＥ）

### (1) ＭＥとその性格・地位

戦時、あるいは準戦時における労働者の地位の問題に関連して、本書でも、繰り返し言及してきた、基地労働者が直面している、ミッション・エッセンシャル（Mission-Essential。以下「ＭＥ」という）の問題についても簡単ではあるが触れておく。

ＭＥとは、緊急時または緊迫した状況時に、在日米軍の任務を遂行するためにＭＥとして指定された職位につくとされる従業員をいう。「緊急時」とは、自然災害、悪天候のほか、テロ活動、放射性または毒ガスの放出、伝染病の拡散、または在日米軍の施設、人員及び基地労働者を脅威にさらすような他の出来事などのため、在日米軍に特別な支援が要請される状況とされている。

このようなＭＥの指定は、基地労働者とその雇用主である防衛省との間の雇用契約や、日米二国間の労務提供契約など（ＭＬＣ、ＩＨＡ、ＭＣ）ないしそれらに関する諸規定で定められたものではない。労使間や日米合同委員会の合意事項でもない、在日米軍指針（USFJ INSTRUCTION36-502, 9 August 2017）内において規定されたものに過ぎない。にもかかわらず、同指針では、基地労働者のいかなる職位に対しても、緊急時ごとあるいは必要とされる状況に応じて、在日米軍側の監督者によってその都度ＭＥとして指定することが可能とされている。そして、そこではＭＥに指定された職位の従業員は、組織の任務の必要性により出勤を要請され、もしくは職場に留まることが要求されている。

この点、在日米軍人事事務所は、ＭＥが「緊急時」において求められる業務に関し、「戦闘活動または戦闘動員にかかわることはない」などとしている。しかし、ＭＥの指定を受ける職位の職種やその基準、「緊急時」において求められる具体的な業務内容や勤務場所なども明らかにはされていない。さらには、ＭＥに指定された労働者が、正当な理由なく出勤を拒んだり欠勤した場合には、解雇を含む制裁措置の対象となりうる旨も通告されている。民間労働者の一形態に過ぎない基地労働者が、雇用主でもない在日米軍から一方的にMEと指定されることにより、その指揮のもと、「緊急時」において生命・身体を甚だしい危険にさらすことを強制されうる状況に事実上置かれることになる。

実際、上記指針以降、このMEの指定をめぐっては、基地現場ごとに、「現在の又はこれから就く職位がMEと指定されていること及びME指定の従業員としての出勤要請の可能性につき承認する」などの署名を求められたり、採用時の書類上に「MEの指定」に関する承認欄が紛れこんでいる事態も発生するなど、混乱が続いている。そしてこの背景には、そもそもは基地労働者の雇用主である国（防衛省）が、このような「MEの指定」における法的な限界、問題点を端的に把握した上で、在日米軍に対し明確かつ断固とした対応をとることができていない現状がある。

### (2) コロナ禍中のME業務命令による健康被害の発生例

二〇二〇年四月六日、在日米軍司令部は、二〇一九年末以降、世界的に流行した新型コロナ感染症（COVID-19）の拡大を受け、関東地方の基地や施設を対象に公衆衛生上の非常事態の宣言を発表し、同月一五日には、その対象を日本全土に拡げた。日本に駐留する米軍人、軍属らの健康を守るための対策を取る権限が基地司令官に与えられ、感染リスク減少に必要な衛生管理上の予防措置を推進するものとされたが、その際、基地労働者の健康、安全を守るための措置が取られたとはいえない現状がある。

二〇二〇年三月末から神奈川県の多くの基地労働者に対して自宅待機が指示され、一部施設も閉鎖されていた中、キャンプ座間で基地施設内の日常清掃業務に就く労働者たちは、その全員が、前述のME従業員と指定され、従前どおりのシフトでの出勤継続を命じられた。基地労働者たちは、通常業務に加えて施設内消毒作業を命じられ、次亜塩素酸ナトリウム漂白剤を、使用上の安全基準を明らかに逸脱する高濃度で使用することを指示された。そして繰り返しの消毒作業に長時間従事させられた結果、複数の基地労働者に健康被害まで発生することとなった。また、新型コロナ感染の禍中での出勤を課せられた基地労働者たちに対して、安全対策上必要不可欠な安全基準を満たしたマスクの支給すら十分に確保されないままであった。緊急時のME従業員としての指定と業務命令が米軍側から一方的になされながら、その生命・身体の安全確保はおろそかにされた。

基地労働者は、自衛官でも予備自衛官でも公務員でもなく、国に雇用されて在日米軍に労務を提供するという特異な地位に置かれている。彼ら彼女らが働く基地という現場からの、その時々の「情勢」に応じた、法的根拠を欠く、事実上の要請だけが暴走しかねない実態に歯止めをかけなければ、彼ら彼女らの生命・身体の安全を保護することはできない。

## 終わりに

労働者が、生命・身体に危険を伴う業務命令を使用者から受けた場合に、これを拒否できるか。また、その拒否を理由に解雇その他の不利益処分を受けた場合に、その解雇等は無効といえるか。

この問題については、著名な全電通千代田丸事件（最高裁昭和四三年一二月二四日判決・民集二二巻一三号三〇五〇頁）がある。一九五六年、当時の李承晩ラインの奥深くで発生した海底線の故障修理のために、電電公社が海底線敷設船千代田丸を出航させようとし、韓国から攻撃を受ける危険などに関連して労働者が業務命令に従わなかったケースについて、最高裁は、その業務の危険はいかに万全の配慮をしたとしてもなお避け難い軍事上のものであって、本来予想すべき海上作業にともなう危険の類ではなく、労働契約の当事者たる千代田丸乗組員において、その意に反して義務の強制を余儀なくされるものとは断じ難い、と判示した。

ここには、命じられた業務が当該労働契約の範囲内といえるのか範囲外かという問題があり、職種ないし職務自体に一定の危険が内在する場合には、その範囲・程度が検討されることとなる。しかし一般の労働契約においては、そもそも使用者は、労働者に対し、生命・身体の危険に遭遇する蓋然性の高い業務に従事すべき命令を発することができるのかどうかが問われるべきであろう。判例上も、使用者は「労働者の生命及び身体等を危険から保護するよう配慮すべき義務」を有することが確立されているし[17]、労働契約法五条も「使用者は、労働契約に伴い、労働者がその生命、身体等の安全を確保しつつ労働することができるよう、必要な配慮をするものとする」と定める。その上で、これらの法理は、前記のような存立危機事態、武力攻撃事態等の有事・準有事においても貫くことができるのかが問題となる。

新安保法制が制定され、実施されつつある今、例えば、アメリカの戦争は日本にとってももはや他人事ではない。日本が有事、準有事体制をとるに至る危険性・蓋然性が、明らかに増大している。そのときの労働契約上の権利・義務を、生命・身体の安全の確保も含めてどう考えるのか、その最先端に置かれる基地労働者の地位を含めて、今後の切実かつ重要な課題である。

## 第二節　行政法と自衛隊・新安保法制

### はじめに

行政法の領域から、自衛隊と新安保法制[18]に対してどのようなコメントができるのか。集団的自衛権の行使を容認するような新安保法制は、従来の防衛法制に大きな変更を加えるものであるが、それに対して、行政法としてはいかなる制度設計がなされており、また、とりわけ私人や、労働者としての自衛隊員の側からは、いかなる統制が可能なのだろうか。この本は基地労働者をまさしく「時代のカナリア」と見立て、彼ら・彼女らを取り巻く法システムに検討を加えるものであるが、ここでは、米軍を媒介としつつ結ばれる、他方の極にある、自衛隊（員）に焦点を当て、検討を進めたい。そのことは、一方の極である基地労働者を照射することにも結びつくはずである。

以下、この節において、まず、行政法は防衛法制をどのように扱っているのか、そこから検討を始め、近時の新安保法制成立により、さらに大きくクローズアップされることとなった、防衛出動を中心とした防衛法制の法的構造について述べたい。そして、その防衛出動がまさに争われた事例として、命令服従義務不存在の確認訴訟について、その判決の構造と、行政訴訟を通じた防衛出動の「コントロール」可能性について検討する。最後に、自衛隊を巡る一連の訴訟の中でも、特に名高い長沼ナイキ訴訟（最一小判昭和五七・九・九民集三六巻九号一六七九頁）以来、平和法制の議論の中心にある平和的生存権について、裁判規範性を肯定した名古屋高裁判決（平成二〇・四・一七判時二〇五六号七四頁）に触れながら、その可能性について述べる。

## 行政法と防衛法制

伝統的な、戦前の行政法分野において、軍に関する法制度は、行政法各論[19]の中に配され、検討されるものとなっていた。例えば、戦前の日本を代表する公法学者美濃部達吉の手による『日本行政法下巻』（有斐閣、一九四〇年）においては、「警察法」や「公企業及公物の法」、そして「財政法」などと並んで、「軍政法」が置かれている。そこでは、「兵役法」や、「防空負担」、「軍人の職業上の義務」としての「軍人の服従義務」、さらには「軍事司法」としての「軍刑法」や「軍法会議」についてなどが記されている。しかし、戦後、日本国憲法の下では、「軍政法」の核をなす、「国家が其の兵力を編成し及び維持するが為に、陸海軍及び其の所属の各種の機関を編成し管理し並びに権力を以て人民に命令し強制する作用」である「軍政」について、変わらずに観念することは難しく、各論の内容で取り扱われることもなくなった[20]。

その後、警察予備隊が自衛隊になり、防衛法制は検討されるべき重要な領域として再登場することになる。しかし、一九七〇年代以降、行政法学では、「行政法各論不要論[21]」が大きな勢力を占め、その結果、「中二階的な行政法各論の理論的な存在意義[22]」は否定され、「行政法総論と個別の行政法規で十分であり、両者を媒介とする各論という存在は無益であると考えられ[23]」ることとなった。無論、個別の行政法規として、防衛法制を検討する余地は存在したが、戦後の高度経済成長と、それが生み出す、日本社会がこれまでに経験したことのない歪みの中で、防衛法制が行政法学の中核を占めることはなかった[24]。行政法を「社会に具体的な問題があり、それをめぐる社会的紛争や闘争があり、それがある程度の妥協の結果、制度化されて[25]」生まれた法であるとし、現代行政法学は、その法を用いての「社会管理機能[26]」を果たすべきである、との有力な考えが台頭したためである。だが、新安保法制の成立により、後述する防衛出動の可能性は飛躍的に高まった。従来にも増して、（憲法学だけでなく）行政法学においても、防衛法制を検討する必要があるだろう[27]。

## 防衛法制の構造と防衛出動

### (1)総論

日本の防衛法制の根幹をなすものが、防衛省の所掌事務や組織について定める防衛省設置法と、実力組織である自衛隊の任務、権限などを定める自衛隊法である。防衛省設置法は、防衛省の任務を「我が国の平和と独立を守り、国の安全を保つことを目的とし、これがため、陸上自衛隊、海上自衛隊及び航空自衛隊（中略）を管理し、及び運営し、並びにこれに関する事務を行うこと」（三条一項）とし、自衛隊法によって「自衛隊の任務、自衛隊の部隊及び機関の組織及び編成、自衛隊に関する指揮監督、自衛隊の行動及び権限」を定める（五条）ことが規定されている。

- いわゆる本来任務（自衛隊法3条）
  - 主たる任務（3条1項）
  - 第一項のいわゆる従たる任務（3条1項）
  - 第二項のいわゆる従たる任務（3条2項）
- いわゆる付随的な業務（雑則）

自衛隊法は、自衛隊の任務、権限などから、自衛隊員の身分取扱いについてまで、広範に定める法であるが、このうち、新安保法制との関係で重要になってくるものが、自衛隊の任務についての規定である。自衛隊法は三条で「いわゆる本来任務[28]」を定めるが、それはさらに一項が定める、「主たる任務」（「我が国の平和と独立を守り、国の安全を保つため、我が国を防衛することを主たる任務と」すること）と「第一項のいわゆる従たる任務」（「必要に応じ、公共の秩序の維持に当たる」こと）、そして二項で定める「第二項のいわゆる従たる任務」（「主たる任務の遂行に支障を生じない限度において、かつ、武力による威嚇又は武力の行使に当たらない範囲において（中略）別に法律で定めるところにより自衛隊が実施することとされるもの」）に分けることができる。「いわゆる本来任務」に加えてさらに雑則では、土木工事等の受託（一〇〇条）など、「いわゆる付随的な業務」が規定されている。なお、「いわゆる本来任務」のうち、「第二項のいわゆる従たる任務」は、従来「いわゆる付随的な業務」とされていたものであったが、国際平和協力活動に取り組むことなど、自衛隊に求められる役割が多様化してきていることを背景に、二〇〇七年の自衛隊法改正によって、「いわゆる本来任務」に移して規定されたものである。旧テロ対策特別措置法や、旧イラク人道復興支援特別措置法、旧補給支援特別措置法などに基づく活動、そして新安保法制により追加された活動などを含むため、重要な制度変更といえる。

(2)「主たる任務」

「いわゆる本来任務」のうち、「主たる任務」は、根幹に防衛出動（七六条）を置き、それに関連するもの（「第七十六条第一項の規定による防衛出動命令が発せられることが予測される場合」）として、防衛施設構築の措置（七七条の二）と防衛出動下令前の行動関連措置（七七条の三）を配している。防衛出動はさらに、①武力攻撃事態における防衛出動と、②存立危機事態における防衛出動に分けることができる。新安保法制成立によって、自衛隊法が改正され、従来から存在した①の防衛出動に加え、②の防衛出動が可能となった。①は、典型的には、日本に対する外部からの武力攻撃がなされた場合であり、②は、「我が国と密接な関係にある他国」、典型的には安保条約を結ぶアメリカ、に対する武力攻撃が発生し、それにより「我が国の存立が脅かされ、国民の生命、自由及び幸福追求の権利が根底から覆される明白な危険がある」場合である。そのような明白な危険がある場合とは、「武力を用いた対処をしなければ、国民に我が国が武力攻撃を受けた場合と同様な深刻、重大な被害が及ぶことが明らかな場合」[29]と解されているが、しかし、「いかなる事態がこのような場合に該当するかは、現実に発生した事態の個別具体的な状況に即して、すべての情報を総合して判断すべきもの」[30]と併せて述べられているとおり、明確性に欠ける部分が存在し、そのことは、新安保法制が軍事国家への一里塚になるのではないかという危惧を招くことにも繋がっている。

防衛出動の命令権者は、シビリアンコントロールの観点から、「自衛隊の最高の指揮監督権を有する」（自衛隊法七条）とされる内閣総理大臣である。防衛出動の手続きは事態対処法（平成一五年法律第七九号）九条に規定されている。[31]防衛出動を命じる場合、内閣総理大臣は、政府が定める事態への対処に関する基本的な方針（対処基本方針）に「防衛出動を命ずることについての（中略）国会の承認の求め」を行う旨を記載し、閣議で決定する。政府は、対処基本方針について、国会に承認を求め、[32]国会の承認が得られた場合は、対処基本方針を国会の「承認に係る防衛出動を命ずる」ものに変更し、これによって内閣総理大臣は、防衛出動を命じることとなる。

## 防衛法制の構造と防衛出動

### (1)「第一項のいわゆる従たる任務」

「いわゆる本来任務」のうち、自衛隊法三条一項で規定される「第一項のいわゆる従たる任務」として、自衛隊法の六章で、国民保護等派遣（七七条の四）、治安出動（七八条、八一条）や、海賊対処行動（八二条の二）、弾道ミサイル等に対する破壊措置（八二条の三）、そして災害派遣（八三条）や原子力災害派遣（八三条の三）などが規定されている。

そのなかでも、近年では、北朝鮮に対してのミサイル防衛を目的として、弾道ミサイル等に対する破壊措置命令がたびたび発され[33]、注目されている。日本は、二〇〇三年に弾道ミサイル防衛（BMD）システムの導入を決定した。BMDシステムは、イージスBMDシステムやペトリオットPAC－3、そして陸上配備型イージス・システム（イージス・アショア）などを連携させ、防衛するシステムであり、その運用のための法的制度が、自衛隊法八二条の三で規定される弾道ミサイル等に対する破壊措置である。この制度によって、防衛出動が下令されていない状況下でも、弾道ミサイル等が「我が国に飛来するおそれがあり、その落下による我が国領域における人命又は財産に対する被害を防止するため必要があると認めるとき」には、防衛大臣が、内閣総理大臣の承認[34]を得た上で、自衛隊の部隊に対して、破壊措置をとることを命じることができる（八二条の三第一項）。なお、第五項では、「措置がとられたときは、その結果を、速やかに、国会に報告しなければならない」と規定するが、この「措置がとられたとき」とは、命令を発した時ではなく、「部隊が実際に迎撃ミサイルを発射したとき、すなわち武器を使用したとき」と解されている。武器の使用に至らない場合には、命令の詳細について明らかにされないケースもあり、国会による、つまり国民によるコントロールという点では、不十分ではないかという批判も強い[35]。

(2) 「第二項のいわゆる従たる任務」

「第二項のいわゆる従たる任務」としては、重要影響事態法に基づく後方支援活動等（八四条の五第一項一号・二号、第二項一号・二号）や、国際緊急援助活動等（八四条の五第二項三号）、国際平和協力業務（八四条の五第一項三号、第二項四号）、国際平和支援法に基づく協力支援活動等（八四条の五第一項四号、第二項五号）、そして旧テロ対策特措法に基づく活動（附則八項一号）、旧イラク人道復興支援特措法に基づく活動（附則七項一号、八項一号）、旧補給支援特措法に基づく活動（附則七項二号、八項二号）がある。これらの任務に関しては、既に触れたとおり、かつては「防衛という任務を果たすために培ってきた技能、経験、組織的な機能等を活用することが適当であるとの考え方から、自衛隊が行う」付随的任務として位置づけられていた[36]。しかし、国際平和協力活動への取り組みが拡大する中で、さらに周辺事態への対応策が不可欠であるとの主張もあり、自衛隊法改正によって、二〇〇七年から「いわゆる本来任務」のなかに位置づけられることとなった。

## 防衛出動命令に対しての服従義務をめぐる訴訟

防衛法制の中核に置かれ、また、自衛隊の任務内容上、その活動の中心に位置することになるのは、防衛出動である。そして、前述したとおり、新安保法制の成立により、防衛出動はその範囲を広げられ、七六条一項二号で規定する「我が国と密接な関係にある他国に対する武力攻撃が発生し、これにより我が国の存立が脅かされ、国民の生命、自由及び幸福追求の権利が根底から覆される明白な危険がある事態」に対しても、出動を命じることができるものとなった。このような自衛隊法改正と、そして背後にある新安保法制が憲法に違反するものであるとし、自衛隊員である原告が、七六条一項二号に基づく防衛出動の命令に対しては、命令に服する義務のないことの確認を求めた、一連の訴訟がある。この訴訟は、行政法や行政訴訟を通じ、新安保法制に対してどのようなコントロールを行うことが、現在可能であるのかを考えるに適した素材と言える。検討対象としての重要性に鑑みて、冗長に失するおそれもあるが、正確性を期して、ここでは丁寧に引用しつつ、検討を行いたい。

第一審（東京地判平成二九・三・二三、2017WLJPCA03236022）の東京地裁は、「現に存立危機事態が発生し、又は近い将来存立危機事態が発生する明白なおそれがあると認めるに足りないから、そもそも原告が自衛隊法七六条一項二号による防衛出動命令が発令される事態に現実的に直面しているとはいえ」ず、また、原告が現在所属する部署は戦闘部隊でもないため、「現時点において、原告又は原告が所属する部署に対し、自衛隊法七六条一項二号による防衛出動命令が発令される具体的・現実的可能性があるということはできない」と述べ、原告については、「法令で定められた自衛隊の様々な行動について、将来にわたり、上官の指揮監督を受けるなどして、その任務に就くという自衛官一般に認められる可能性以上に、自衛隊法七六条一項二号による防衛出動命令が発令され、その任務に就く蓋然性が存在するもの」とはいえないと判断した。従って、裁判所は、「原告が主張する危険又は不安は不確定かつ抽象的なものにとどまるといわざるを得ないのであって、現に、原告の有する権利又は法律的地位に危険や不安が存在するとは認められない」ため、確認の利益を欠くものであるとして、訴えを却下した。

しかし、控訴審（東京高判平成三〇・一・三一、2018WLJPCA01319003）は、控訴人による「存立危機事態における防衛出動命令に服従しなかった場合に受けることとなる懲戒処分の予防を目的とする無名抗告訴訟である」と釈明を受けた上で、一転し、本件訴えを適法な無名抗告訴訟であると判断した。高裁はまず、防衛出動命令に服従しなかった場合に受けることとなる懲戒処分が抗告訴訟の対象となる行政処分であることを確認し、その上で「将来の行政処分の差止めの訴えを、その前提となる公的義務の存否に係る確認の訴え（無名抗告訴訟）の形式に引き直すことができる場合には、双方の訴えは、請求及び法律構成を異にしているものの、いずれも将来の行政処分に関する不服の訴えであり、その行政処分を受けることの予防を目的としているのであるから、双方の訴えに求められる訴訟要件を別異に解すべき理由はない」と述べ、適法な無名抗告訴訟であると認められるためには「本件職務命令に服従しないことやその不服従を理由とする懲戒処分がされることにより重大な損害を生ずるおそれがあること（重大な損害の要件）」と「その損害を避けるため他に適当な方法がないこと（補充性の要件）」の二要件が要求されるとした。重大な損害の要件については、「存立危機事態における防衛出動命令に基づく本件職務命令を受けながら、これに服従しない自衛官は、我が国の防衛という重要な任務に背き、服務の本旨を蔑ろにしたものとして、極めて厳しい社会的非難を受けることになることに加え、本件職務命令への不服従を理由とする懲戒処分、更には重大な刑事罰を受けることになる」ために満たされ、補充性の要件についても「存立危機事態における防衛出動命令が発令される場合に、これに基づく本件職務命令を受けながらこれに服従しない自衛官は、服務の本旨を蔑ろにしたものとして極めて厳しい社会的非難を受けることになるのであるから、このような控訴人に生ずるおそれのある損害は、事後的に懲戒処分の取消訴訟又は無効確認訴訟を提起して執行停止の決定を受けることなどにより容易に救済を受けることができるものではないことが明らかであり、また、懲戒処分の差止めを命ずる判決を受けることによっても容易に救済を受けることができるものではなく、防衛出動命令に基づく本件職務命令に服従する義務の不存在を事前に確認する方法によるのでなければ救済を受けることが困難なもの」といえるため、充足されると判断した。「社会的非難」についても言及した上で、無名抗告訴訟としての適切性を判断した控訴審判決は、注目に値しよう。

だが、最高裁（最判令和元・七・二二、民集七三号三頁）は、控訴審の判断について、「本件職務命令への不服従を理由とする懲戒処分の差止めの訴えを本件職務命令ひいては本件防衛出動命令に服従する義務がないことの確認を求める訴えの形式に引き直した無名抗告訴訟」を、「差止めの訴えよりも緩やかな訴訟要件により、これが許容されているもの」と解するものであるとして、破棄差戻しと判決した。差止めの訴えについては、行政事件訴訟法三条七項から、「行政庁によって一定の処分がされる蓋然性があることとの要件」を満たすことが必要とされている」ため、「将来の不利益処分の予防を目的として当該処分の前提となる公的義務の不存在確認を求める無名抗告訴訟は、蓋然性の要件を満たさない場合には不適法という」ことになるが、本件無名抗告訴訟について、控訴審は「蓋然性の要件を満たすものか否かの点を検討することなく本件訴えを適法とした」と判断したためである。

控訴審では、蓋然性に関連して、「存立危機事態が生じることや防衛出動命令が発令されることがおよそ想定できないという被控訴人の主張は、平和安全法制整備法による自衛隊法の改正が平成27年にされていることに照らし、採用することができない」と述べた上で、防衛出動命令が発令された場合は「控訴人を含む全ての現職の自衛官は、後方業務を担う部隊等に所属するものを含めて、いずれも本件職務命令の対象となる可能性が非常に高い」と言うに留まるが、この検討を最高裁は、不十分な程度に留まるものと判断したと考えられる。

## 平和的生存権の可能性?

一連の、防衛出動命令服従義務の不存在確認訴訟からは、行政訴訟を通じての、もしくは、行政法を活用しての、新安保法制コントロールの困難さが見えてくる。その他の統制手法としては、憲法上の権利を活用することが考えられるが、この点、自衛隊のイラク派遣を巡る訴訟において、控訴を棄却したものの、平和的生存権の裁判規範性を肯定しつつ、イラク特措法が違憲と判断した名古屋高裁判決[37]（名古屋高判平成二〇・四・一七、判タ一三一三号一三七頁）が注目される。特に、この判決では、憲法学界で根強く主張されてきた平和的生存権[38]について、「全ての基本的人権の基礎にあってその享有を可能ならしめる基底的権利であ」り、また、「局面に応じて自由権的、社会権的又は参政権的な態様をもって表れる複合的な権利」として、

「戦争の遂行、武力の行使等や、戦争の準備行為等によって、個人の生命、自由が侵害され又は侵害の危機にさらされ、あるいは、現実的な戦争等による被害や恐怖にさらされるような場合、また、憲法九条に違反する戦争の遂行等への加担・協力を強制されるような場合」には、「裁判所に対し当該違憲行為の差止請求や損害賠償請求等の方法により救済を求めることができる場合がある」と判断したことは重要である。しかし、本判決が、結局のところ、控訴を棄却するという判断に留まってしまったこと、また、その後、現在展開する新安保法制についての国家賠償請求訴訟[39]（札幌地判平成三一・四・二二、2019WLJPCA04229003）などでは平和的生存権の裁判規範性が否定されている状況においては、さらに続く判決において、実効的なコントロールを可能にするような判断がなされることを求めつつ、それに加えて、前述の名古屋高裁判決などを「手がかりとして平和運動のさらなる発展を期することが可能であり、またそれが求められている[40]（圏点筆者）」といえるのではないだろうか。

# 第三節　「軍」とその憲法的規律の展開

## はじめに

ここでは、「再軍備」に至るまでの過程と、憲法九条が置かれた環境や、その解釈の内容について、ごく簡単に整理を行う。そのことによって現在の、新安保法制成立という状況についての、「コンテクスト」を提供することを目指したい。まず、自衛隊の設置に至るまで、敗戦後、「軍」がどのように扱われてきたのか、確認を行う。そして、その後、自衛隊の設置などの「再軍備化」に対して、どのような憲法上の議論がなされてきたのか、整理と検討を行う。そのような議論の前提を確認することによって、新安保法制が「確立」した後の「今後」を、より精確に考えることができるようになるだろう。

### 軍の「解体」

ポツダム宣言により、日本国の軍隊は無条件降伏し[41]、武装解除が行われ[42]、そして、その後、再軍備をすることが禁止された[43]。一九四五年九月二日のＳＣＡＰ指令一号では、大本営は、各指揮官に対して、「完全ニ武装解除シ且前記聯合国指揮官ニ依リ指定セラルル時期及場所ニ於テ一切ノ兵器及装備ヲ現状ノ儘且安全ニシテ良好ナル状態ニ於テ引渡スベキコトヲ命ズ」こととされた。次ぐ九月三日には、SCAP指令二号が発され、大本営には、一切の日本国軍隊の迅速にして秩序ある復員を行うことが求められた。九月一〇日には大本営廃止に関するSCAP指令一七号が発され、一三日に大本営が廃止され[44]、一五日に大本営復員並廃止要領の軍令が公示される。一二月一日には、陸軍省官制と海軍省官制が廃止され、同時に、第一復員省官制と第二復員省官制が公布された。これにより、陸軍省は第一復員省に、海軍省は第二復員省にそれぞれ移行し[45]、その後は軍人復員業務のみを行う機関となった。この日以降も、復員が完了するまでは、個々の軍隊は軍隊として存在し、また個々の軍人は軍籍を有する状態となっていたが、陸海軍の機関はそのほとんどが廃止されることになり、この日、明治以来の軍の歴史が閉じられることになったのである。

正式な制度や機関としての軍は解体されたが、しかし、一方で旧軍関係者の中には、その温存を図る動きもあり、また、他方で、占領軍の中にも、旧軍関係者らを利用しようとする動きがあり、そうしたグループの行動は、やがて、警察予備隊から保安隊を経て、自衛隊を設置するという「再軍備」に結実することになる。旧軍関係者の中には、旧軍人を警察として転任させ、警察機構内に旧軍勢力を温存しようとしたり、禁衛府[46]として、旧近衛師団を再編させ、そこに旧軍の軍人を結集させようとしたりする動きが見られたが、こうした動向は到底、GHQが看過するものではなかった。[47][48]その反面、米ソの対立を背景として、米軍の課報機関に、旧日本軍の対ソ情報機関関係者を集め、対米協力機関として組織化する動きもあった。最も有名なものが、GHQのG2（参謀第二部、情報担当部局）部長を務めたウィロビーの庇護下、軍事情報部歴史課に、終戦時に参謀次長を務めた河辺虎四郎中将を機関長として作られた情報査覈《さかく》機関（通称「河辺機関」[49]）であろう。また、一九四八年五月一日には、密貿易や不法入国の取り締まりを行うため、海上保安庁が設立されたが[50]、これはアメリカ五軍（現六軍[51]）を構成する一つである、沿岸警備隊をモデルとして作られた組織であり、そして、実際に多くの旧海軍軍人が海上保安庁に採用されることになった。

## 「再軍備」と憲法九条

一九五〇年に朝鮮戦争が勃発し、日本に駐留していた米軍の多くは朝鮮半島に出動することになった。GHQは、その代替措置として、日本に警察予備隊を創設することを要求し、その結果、ポツダム政令として警察予備隊令が定められ、警察予備隊が発足した。警察予備隊については、その存在が憲法に違反するという訴訟も提起されたが[52]、最高裁は訴えを不適法なものとして却下した。また、警察予備隊令上も、その目的は「国家地方警察及び自治体警察の警察力を補う」[53]ことであるとされ、また、当時の吉田茂首相も、その目的は「全然治安維持であり」、「従って、その性格は軍隊ではない」と述べ[54]、憲法九条の規定や、再軍備とは関係ないものという立場を取った。

一九五二年四月二八日、サンフランシスコ平和条約が発効し、沖縄や小笠原諸島などを除いた「日本」は独立を果たすことになる。ポツダム政令によって創設された警察予備隊も、保安庁法に基づき、同じく一九五二年に、陸上を担当する保安隊と、海上を担当する警備隊とに改組されることとなった。保安庁の任務について、保安庁法は「わが国の平和と秩序を維持し、人命及び財産を保護する」ことなどにあると規定しており[55]、治安維持の枠内に留まらない存在であることは、法文上も明らかであった。そのため、政府は、保安隊・警備隊や、旧日米安全保障条約により、継続して日本に駐留することとなったアメリカ軍が、憲法九条に違反しないことを示す必要に迫られた。吉田茂内閣は、一九五二年一一月に「戦力に関する統一見解」を提示し、憲法九条二項が保持を禁止する「戦力」は、「近代戦争遂行に役立つ程度の装備編成を備えるもの」という量的な基準と、「戦争目的」で設置されたかどうか、という目的による基準、そして「保持」の主体は日本であるかという基準の三つにより判断されると述べ、保安隊・警備隊と駐留米軍のいずれも、三基準すべてを満たさないため、憲法九条に違反しないとした。

一九五四年に、日本政府がアメリカとの間に相互防衛援助協定を結ぶと、それが求める防衛能力の増強措置から、保安隊の改組が必要になった。政府は、改組によって自衛隊を発足させたが、自衛隊はその任務として「国土防衛」を掲げる組織であり、「警察力」ベースで、その位置づけを説明することはもはや不可能であり、ここに、「自衛力」概念に基づく、自衛隊合憲論を政府は提示することになる。政府は、憲法九条二項を、自衛目的であれば「戦力」を保持しても構わないと解釈するのではなく、自衛目的であったとしても、「戦力」の保持は憲法違反となるが、「戦力」に至らない程度の、「自衛力」に留まるのであれば、その保持が憲法上許容されるという見解を示した。

それはすなわち、自衛隊に対して、「自衛のための必要最小限度」の範囲で、という制約を課し続けるものになった。その帰結は、具体的には、①自衛権発動要件の厳格化[56]、②集団的自衛権行使の禁止[57]、③装備の限定[58]、④活動範囲の限定[59]を行うものであった。

## 憲法九条の「これから」

新安保法制と、そしてその後の「展開」について考えるためには、まず、上記のような「再軍備化」の道程を押さえる必要がある。驚くべきことに、「自衛力」のみしか保持し得ない、限定化された自衛隊という法制度は、五〇年以上にわたり、維持されることになる。保守合同により改憲の機運が高まる一九五〇年代の「危機」などを乗り越えながら、である。今後の、平和法制についての「展開」を再考するためにも、まずは、なぜ鳩山一郎内閣などでの改憲運動は実現せず、安倍内閣での「実質的改憲」が「成功」したのか、これからを知るためにこそ、まず歴史的な比較分析を行うことが、求められよう。

## 注

1　これら新安保法制の憲法適合性については、本稿では触れない。これについてはさしあたり、福田護「安保法制改定法案の概要とその違憲性」長谷部恭男・杉田敦編『安保法制の何が問題か』（岩波書店、二〇一五年）所収を参照のこと。

2　一〇件の法律の改正を内容とする「我が国及び国際社会の平和及び安全の確保に資するための自衛隊法等の一部を改正する法律」と、新規立法である「国際平和共同対処事態に際して我が国が実施する諸外国の軍隊等に対する協力支援活動等に関する法律」からなる。

3　本文中で略称した法律の正式の名称は、つぎのとおり。事態対処法＝武力攻撃事態等及び存立危機事態における我が国の平和と独立並びに国及び国民の安全の確保に関する法律、国民保護法＝武力攻撃事態等における国民の保護のための措置に関する法律、重要影響事態法＝重要影響事態に際して我が国の平和及び安全を確保するための措置に関する法律、国際平和支援法＝（注2）参照、PKO協力法＝国際連合平和維持活動等に対する協力に関する法律。

4　指定公共機関には、各種独立行政法人・特殊法人等のほか、全国的・広域的な規模の放送、電気・ガス、交通・運輸、電気通信等の事業者が法人名で個別に指定されている（事態対処法施行令三条及び平成一六年九月一七日内閣総理大臣公示）。また、地方指定公共機関は、都道府県知事がその地域で同種の公共的事業を営む者から指定している（国民保護法二条二項）。

5　法律の正式名称は、「平成十三年九月十一日のアメリカ合衆国において発生したテロリストによる攻撃等に対応して国際連合憲章の目的達成のための諸外国の活動に対して我が国が実施する措置及び関連する国際連合決議に基づく人道的措置に関する特別措置法」。

6　法律の正式名称は、「イラクにおける人道的復興支援活動及び安全確保活動の実施に関する特別措置法」。

7　新安保法制・有事法制の各種事態と国民・労働者の権利義務等について、ひととおりの整理をしたものとして、福田護「戦争法制の労働者の視点からの制度分析」労働法律旬報一八五五・一八五六号（二〇一六年）参照。

8　予備自衛官とは、非常勤の自衛官として、元自衛官のうちの志願者や予備自衛官補として教育訓練を修了した者から任用され、自衛隊の防衛出動、国民保護等派遣又は災害派遣に際して必要に応じて招集された場合に自衛官となる、というものである（自衛隊法六六・六七・七〇条）。

9　衆議院平和安全法制特別委員会平二七・六・一五中谷防衛大臣答弁、同平二七・七・一五安倍総理大臣答弁など。

10　防衛装備庁装備政策部「『民間船舶の運航・管理事業』の事業契約締結について」二〇一六年三月。

11　毎日新聞二〇一六年三月一七日。

12　毎日新聞二〇一六年三月一七日。

13　吉田敏浩『民間人も「戦地」へ』（岩波ブックレット、二〇〇三年）二〇頁以下、同『ルポ戦争協力拒否』（岩波書店、二〇〇五年）一二二頁以下。

14　陸上幕僚監部『イラク復興支援活動行動史』（二〇〇八年）七七頁など、平二七・八・二六参議院平和安全法制特別委員会会議録二五～二八頁。

15　一般財団法人山縣記念財団「太平洋戦争と日本商船隊壊滅への経緯」（https://www.ymfor.jp/news/122/）。

16　老川慶喜『日本鉄道史―大正・昭和戦前篇』（中央公論新社、二〇一六年）二一四～二一六頁。

17　最三小判昭和五〇年二月二五日・民集二九巻二号一四三頁、最一小判昭和五九年四月一〇日・民集三八巻六号五五七頁など。

18　二〇一五年九月一九日に国会で成立した平和安全法制関連二法、「我が国及び国際社会の平和及び安全の確保に資するための自衛隊法等の一部を改正する法律」（平成二七年法律第七六号）と「国際平和共同対処事態に際して我が国が実施する諸外国の軍隊等に対する協力支援活動等に関する法律」（平成二七年法律第七七号）による法制度を指す。本章第一節の福田・小宮論文にならいこの論考においても、「日米安保条約関連の法制度と多少とも区別する」意図で、この法制度について「新安保法制」と呼ぶこととする。

19　当時の各論に関して、特に編別論について論じ、概観を与えるものとして、柳瀬良幹「行政法の編別に就いて」同『行政法の基礎理論　第一巻』（弘文堂書房、一九四〇年）三頁から四二頁をあげることができる。

20　戦後の行政法学を牽引し、また最高裁判所の長官を務めた田中二郎の教科書（田中二郎『新版行政法下巻　全訂第二版』（弘文堂、一九八三年））では、各論に位置するものとして、警察法、規制法、公企業法、公用負担法、財政法が挙げられている。

21　代表的なものとして、兼子仁による「特殊法論」（兼子仁「特殊法の概念と行政法」同『行政法と特殊法の理論』（有斐閣、一九八九年）二六六頁から三〇六頁と、塩野宏による行政作用法論（塩野宏「行政作用法論」同『公法と私法』（有斐閣、一九八九年）一九七頁から二三六頁をあげることができる。

22　原田大樹『行政法学と主要参照領域』（東京大学出版会、二〇一五年）五頁。

23　原田・前掲注（22）五頁。

24　しかし、このことはもちろん、卓越した研究群が存在しなかったということを意味しない。杉村敏正による著作（田上穣治＝杉村敏正『警察法　防衛法』（有斐閣、一九五八年））を嚆矢として、また、近年のものであれば、本稿にも多くの示唆を与えるものとして仲野武志による優れた比較分析（仲野武志「武力行使・武器使用の法的規制」同『法治国原理と公法学の課題』（弘文堂、二〇一八年）一七六頁から二三五頁）を挙げることができる。さらに、憲法学の領域では、水島朝穂による重厚なモノグラフィ

（水島朝穂『現代軍事法制の研究―脱軍事化への道程』（日本評論社、一九九五年）を見落とすことはできない。

25　遠藤博也『行政法Ⅱ　各論』（青林書院新社、一九七七年）一六頁。

26　遠藤・前掲注（25）一三頁。

27　この点、原田大樹が提示する参照領域理論（原田・前掲注（22）など）は、防衛法制においても、「各論としての防衛法」を検討し、総論との相互作用をもたらしうるものとして、一つの重要な指針になるだろう。

28　これらの用語法は田村重信編『新・防衛法制』（内外出版、二〇一八年）に従った。また、自衛隊の任務と行動に関しては、同書一三六から一三七頁掲載の図表を参照されたい。なお、「いわゆる本来任務」については、自衛隊法六章で規定されている（「第二項のいわゆる従たる任務」のうち、自衛隊法の附則に配されたままのものを除く）ため、実務上「六章行動」と呼ばれることがある。

29　田村・前掲注（28）一五六頁。

30　田村・前掲注（28）一五六頁から一五七頁。

31　従来は自衛隊法七六条に規定されていたが、事態対処法を制定するに際して、同法に規定される武力攻撃事態等の対処のための手続きの中に統合された。

32　なお、「特に緊急の必要があり事前に国会の承認を得るいとまがない場合」は、内閣総理大臣は対処基本方針に防衛出動を命じる旨を記載することができ（事態対処法九条四項二号）、これによって内閣総理大臣は、国会に対しては事後的に承認を求めながら、防衛出動を命じることができるとされている。

33　後述する、防衛出動命令に対しての服従義務の不存在確認訴訟の第一審（東京地判平成二九・三・二三民集七三巻三号二六七頁）では、原告は、防衛大臣が破壊措置命令を出し、かつ常時迎撃態勢がとれるように、三ヶ月ごとに命令を更新して常時発令する方針を表明したことを指摘し、その事実が、防衛出動の発動が目前に迫ることを示している旨を主張していた。

34　なお「事態が急変し同項の内閣総理大臣の承認を得るいとまがなく我が国に向けて弾道ミサイル等が飛来する緊急の場合」には、防衛大臣は、内閣総理大臣の承認を受けた緊急対処要領に従うことで、内閣総理大臣の承認を得ずに破壊措置命令を発することができるとされている（八二条の三第三項）。

35　田村編。前掲注（28）二一九頁。

36　田村編・前掲注（28）一四〇頁。

37　この判決に対しては、一見整合的な、内閣法制局の取る立場と判決との差異を鋭く描き出す、中島宏「判例評釈：自衛隊イラク派遣違憲判決―名古屋高裁二〇〇八年（平成二〇年）四月一七日判決」山形大学法政論叢四六巻（二〇〇九年）一頁から一五頁が、併せて参照されるべきである。

38　憲法学においては、平和的生存権に関しての金字塔として、深瀬忠一『戦争放棄と平和的生存権』（岩波書店、一九八七年）が存在する。また、平和を希求した代表的公法学者が、その長年にわたる思考をまとめた作品として、小林直樹『平和憲法と共生六十年―憲法第九条の総合的研究に向けて―』（慈学社出版、二〇〇六年）を挙げることができるだろう。

39　なお、この訴訟は、「安保法制違憲訴訟の会」が行う、多くの訴訟に対しての、初めての判断であった。今後、どのような裁判所の判断が続くか、注目する必要がある。

40　小沢隆一「『平和的生存権をめぐって』戒能通厚＝原田純孝＝広渡清吾編『渡辺洋三先生追悼論集　日本社会と法律学　歴史、現状、展望』（日本評論社、二〇〇九年）八一頁。

41　ポツダム宣言一三条は「吾等ハ日本国政府カ直ニ全日本国軍隊ノ無条件降伏ヲ宣言シ且右行動ニ於ケル同政府ノ誠意ニ付適当且充分ナル保障ヲ提供センコトヲ同政府ニ対シ要求ス右以外ノ日本国ノ選択ハ迅速且完全ナル壊滅アルノミトス」と述べていた。

42　ポツダム宣言九条は「日本国軍隊ハ完全ニ武装ヲ解除セラレタル後各自ノ家庭ニ復帰シ平和的且生産

的ノ生活ヲ営ムノ機会ヲ得シメラルヘシ」と述べていた。

43　ポツダム宣言一一条は「日本国ハ其ノ経済ヲ支持シ且公正ナル実物賠償ノ取立ヲ可能ナラシムルカ如キ産業ヲ維持スルコトヲ許サルヘシ但シ日本国ヲシテ戦争ノ為再軍備ヲ為スコトヲ得シムルカ如キ産業ハ此ノ限ニ在ラス右目的ノ為原料ノ入手（其ノ支配トハ之ヲ区別ス）ヲ許可サルヘシ日本国ハ将来世界貿易関係ヘノ参加ヲ許サルヘシ」と述べていた。

44　大本営は、実質的には、参謀本部と軍令部とをあわせたものであるため、形式的には九月一三日に大本営が廃止されたものの、実際は、陸海軍省が解体された一二月一日まで存続していたということができる（なお、参謀本部条例の廃止は一一月三〇日であり、軍令部令の廃止は一〇月一五日であった）。

45　その後、一九四六年六月一五日に、両者は縮小統合され、復員庁となった。

46　禁衛府についての詳細は、藤井徳行『禁衛府の研究　幻の皇宮衛士総隊』（慶應義塾大学出版会、一九九八年）を参照されたい。

47　例えば、初代禁衛府長官には、最後の近衛師団長であった後藤光蔵中将が就任していることからも、そうした意図を読み取ることができるだろう。

48　一九四五年九月一〇日に官制が公布され、設立された禁衛府は、再軍備に備えた「結集軸」となることをGHQに警戒され、一九四六年三月末をもって禁衛府は解体されることとなった（柴山太『日本再軍備への道』（ミネルヴァ書房、二〇一〇年）一一五頁。禁衛府は、わずか半年ほどしか存在しない組織であったが、その後、宮内省皇宮警察署を経て、警視庁皇宮警察部となり、さらに改組や移管を重ねた上で、警察庁の附属機関としての皇宮警察本部に至っている。

49　GHQからの援助が終了すると、「河辺機関」のメンバーのうち、旧軍で将校クラスにあった者の多くは、G2の推薦を受け、保安隊に入隊した。また、初期の内閣調査室のメンバーにも、多く「河辺機関」の出身者が見られた。

50　海上保安庁法二五条は「この法律のいかなる規定も海上保安庁又はその職員が軍隊として組織され、訓練され、又は軍隊の機能を営むことを認めるものとこれを解釈してはならない」と規定するため、海上保安庁を、米軍沿岸警備隊のような組織と同視することは困難であるが、しかし、海上保安庁という役割から、自衛隊法には、防衛出動時などに「特別の必要があると認めるときは、海上保安庁の全部又は一部を防衛大臣の統制下に入れることができる」という規定が存在する（自衛隊法八〇条一項）。

51　米軍は二〇二〇年現在、陸軍、海軍、海兵隊、沿岸警備隊、空軍の従来からの五軍に加えて、二〇一九年に宇宙軍が創設され、六軍となっている。

52　社会党左派の鈴木茂三郎が原告として提起し、警察予備隊の設置やその維持に関する一切の行為の無効確認を最高裁に求めた、いわゆる警察予備隊訴訟である（最大判昭和二七年一〇月八日民集六巻九号七八三頁）。

53　警察予備隊令一条は「この政令は、わが国の平和と秩序を維持し、公共の福祉を保障するのに必要な限度内で、国家地方警察及び自治体警察の警察力を補うため警察予備隊を設け、その組織等に関し規定することを目的とする」という目的規定を置いていた。

54　一九五〇年七月二九日（第八回国会・衆議院会議録）第一〇号一六五頁。

55　保安庁法は、その任務について「保安庁は、わが国の平和と秩序を維持し、人命及び財産を保護するため、特別の必要がある場合において行動する部隊を管理し、運営し、及びこれに関する事務を行い、あわせて海上における警備救難の事務を行うことを任務とする」と規定していた（保安庁法四条）。

56　自衛権を発動させるためには、さらに三要件を満たすことが必要であり、①日本に対する急迫不正の侵害があり、②他に全く防衛する手段がなく、③必要な限度に留められる、という要件をすべて満たしてはじめて、軍事的な活動が許されるとされた。例えば、一九六九年三月一〇日（第六一回国会・参議院予算委員会議録）第九号一四頁（高辻正巳内閣法制局長官答弁）など。

57　政府答弁として、一九五九年九月一日（第三二回国会・衆院外務委員会議録）第四号五頁（高橋敏外務省条約局長答弁）など。

58　自衛のための必要最小限度の装備しか許されず、従って、攻撃用空母等の対外攻撃用装備を持つことはできないとされた。例えば、一九七八年二月一三日（第八四回国会・衆院予算委員会議録）第一一号三七頁（伊藤圭一防衛庁防衛局長答弁）など。

59　自衛隊としての活動範囲を限定するため、自衛隊の創設に際して参議院は、自衛隊が「海外派兵をせざること」を決議している（一九五四年六月二日（第一九回国会・参議院本会議録）第五七号一二六七頁）。

第四章

# 日本の『災後』と『戦後経済』

## 第一節　自然災害と労働法

### はじめに

二〇一一年三月一一日の東日本大震災から十年以上が経過した。東日本大震災は、戦後における最大規模の自然災害となったが、その後も熊本地震や西日本豪雨など大規模な自然災害が相次いで発生しており、まさに「災害列島日本」ともいうべき様相を呈している。表1は、東日本大震災以降の主な大規模自然災害であるが、これらはほんの一部である。

このような大規模自然災害は、企業施設や建物への物理的な被害、取引や消費の減退といった経済的な被害など、様々な被害をもたらすものであるが、雇用・労働に関しても例外ではない。ここでは、大規模自然災害にともなって生じる雇用・労働に関する問題のうち、特に労働法と密接に関わるものを中心に取り上げて整理・検討する。また、米軍基地労働者と大規模自然災害時のかかわりについても、東日本大震災時の対応を中心に紹介する。そのほか、二〇一九年冬～二〇二〇年春以降世界的に広まっている新型コロナウイルス感染症の拡大（以下、コロナ禍）下での問題についても、大規模自然災害とは少し性質が異なるとはいえ、大規模自然災害下における問題と類似点も少なくないと思われることから、必要に応じて簡単にふれてお

表１　東日本大震災以降の日本における大規模自然災害（主なもの）

| | 名称 | 被害 |
|---|---|---|
| 2011年8月25日 | 台風12号（紀伊半島豪雨） | 和歌山県などで死者83名、行方不明者15名等 |
| 2014年8月20日 | 平成26年８月豪雨 | 広島市を中心に死者77名、負傷者44名。住宅全半壊250棟以上。 |
| 2016年4月14日 | 熊本地震 | 死者273名、負傷者2809名 |
| 2018年7月上旬 | 平成30年７月豪雨 | 広島県、岡山県、愛媛県などで死者263名、行方不明者８名、負傷者484名等 |
| 2018年9月6日 | 北海道胆振東部地震 | 死者43名、負傷者782名。住宅全半壊2100棟以上。また道内295万戸が停電。 |
| 2019年10月上旬 | 令和元年東日本台風 | 死者86名、行方不明者3名、負傷者476名。住宅全半壊31,500棟以上。 |

くこととしたい。

## 大規模自然災害と労働法上の諸問題

一口で大規模自然災害に伴う労働法上の問題」といってもいろいろなものがあろうが、ここでは純粋に法律的な問題として、「労働条件」に関する問題と、自然災害に伴う「労働者の心身の安全」に関する問題とに分けて見ていこう。

### (1) 労働条件に関する問題

まず最初は、労働条件に関する問題である。

そもそも「労働条件」とは、賃金や労働時間などといった、まさに「働く条件」のことであるが、解雇や退職など、従業員としての「身分」に関わるものも、広い意味では「労働条件」といっていいだろう。

大規模自然災害が発生し、その影響が大きければ大きいほど、こうした「労働条件」に関するトラブルも発生しやすくなる。具体的にどのような形で問題となるのか、ここでは、賃金(給与)に関するもの、労働時間に関するもの、解雇に関するもの、三つを取り上げてみておこう。

①賃金に関するもの

(ア)序論

大規模自然災害に際しての賃金のトラブルとしてすぐ思いつくのは、「賃金が払われない」「賃金が下げられた」といったものであろう。ただ、すでに発生している賃金については、大規模自然災害が発生して、払うのが大変だからといって「払わなくてもいい」ということにはならない(もし使用者が行方不明などで物理的に請求が不可能となった場合には、国が賃金の一部を立替払するという制度がある)。これに比べて引き下げに関しては、引き下げの必要性がどの程度実際に生じているのかといったことや、労働者の不利益の程度などからの総合判断となるため、「自然災害で経営が苦しくなった」ということは一つの判断要素にはなるが、逆にそれだけで引き下げが許される、ということにはならない。

より大規模自然災害ならではの問題としては、何らかの理由(けがをした、避難中、あるいは企業施設の倒壊など）で労働者が「働けなかった」という状況になった場合の、賃金の扱いである。つまり、「働けなかったとしても、労働者は賃金を請求できるのか？」という問題である。ここでは、この問題について取り上げておこう。

(イ)基本的視点

何らかの理由で労働者が「働けなかった」場合の賃金については、基本的にはその「働けなかった」ことの理由が、従業員（以下、労働者）と雇い主（以下、使用者）のどちらによるものか、ということによる、といえる。たとえば、労働者の体調不良などが理由で「働けなかった」ということであれば、賃金をもらうことは難しくなるし、逆に「客が来ない」といった理由で「働けなかった」ということであれば、（客を確保するのは使用者＝経営者の役割なのだから）、労働者は平均賃金の「六割」相当の休業手当を請求できる（労働基準法二六条）。

「え、使用者のせいで働けなかったのに、六割だけしかもらえないの？」という気もするが、逆にいえば「働いてなくても六割はもらえる」ということでもある。また、ここで「使用者のせいで働けなかった」というのは、単に「使用者の故意・過失」があったという場合だけではなく、より広い経営上の理由（取引先から原材料が届かないなど）で労働者が「働けない」という場合まで、広く含まれるので、労働者にとって一概に不利、ともいえないのである（ただし、使用者の故意や過失によるなど、使用者の落ち度がより大きい場合は、全額（一〇割分）の請求ができる（民法五三六条二項）。

もっとも大規模自然災害の発生自体は、基本的には「労働者と使用者、どちらが悪い」とはいえない性質のものである（当たり前だが、社長がひどい雨男だとしても、法的には「使用者が悪い」とはならないのはお分かりいただけるであろう）。

この点につき行政解釈は、働けない理由が「不可抗力」による場合は、使用者の責めに帰すべき事由にはあたらない（つまり、使用者のせいではない）、という原則にたったうえで、「不可抗力」といえるためには、(1)その原因が事業の外部より発生した事故であること、(2)事業主が通常の経営者として最大の注意を尽くしてもなお避けることのできない事故であること、の二つの要件を満たすことが必要だ、としている（一九六六・六・二一基発六三〇号）。この考え方は、厚生労働省が東日本大震災時に出したQ＆Aに踏襲されている。大規模自然災害が(1)の要件を満たすことには異論はないであろうから、(2)を満たしているといえるかどうか、がポイントになるといえよう（この点は、コロナ禍下においても同様の問題が生じているが、「自粛要請」をどう評価するかにつき、やや複雑な状況を呈していることを指摘しておきたい）。

(ウ)具体的当てはめ

まず、休業手当の支払いが「不要」と考えられるケースである。たとえば、企業施設や設備が直接大きな被害を受けていて物理的に就労が不可能な場合や、法律や行政の指示で労働者を避難させた場合などは、明らかに「やむをえない休業」ということで、基本的には休業手当の支払義務は生じない。ちなみに行政解釈では、原発問題を契機としての計画停電による休業は休業手当の支払いは不要とされている（平成二三・三・一五基監発〇三一五第一号）。

つぎに、支払いが「必要」と考えられるケースである。たとえば、物理的な被害がそれほど大きくない場合や、間接的な被害（取引先の被害や、原材料の調達不能）にとどまっている場合などは、休業しなくても他の手段が取りうる可能性があり、そのような場合には「避けることのできない事故」とまではいえない（＝不可抗力とはいえない）として、使用者が支払義務を負う可能性が高くなるであろう。また、被害はそれなりに大きい場合であっても、他の代替手段を取ることが不可能ではない場合（テレワークが可能である場合など）には、少なくともそういった可能性をまったく検討もせずに休業させたりすると、「避けることのできない事故」とはいえなかった、として、使用者が休業手当の支払い義務を負うといえよう。なお、ここでの「事故」は、「休業」との意味で理解しておく必要がある。

もっとも、現実には微妙な局面が少なくない。たとえば使用者が「今日の午後からとんでもない大規模の台風が来る可能性があるので、労働者の身の安全を考え、休業とした」というような場合はどうであろうか。おそらく現行法の行政通達の考え方に従えば、それは「使用者の自主的な判断」に基づくものと評価され、使用者は休業手当の支払いを免れないことになるし、また労働者が「今日の午後からとんでもない台風が来るらしい。通勤が危険だから今日は休もう」と判断した場合には「労働者の自主的な判断」と評価され、休業手当の支払いは受けられないことになるであろう。しかしこれでは、使用者はなるべく休業したくない、労働者もなるべく休みたくない、となってしまうため、「労働者の身体の安全」という観点からは必ずしも望ましくない。一定規模以上の大規模災害が起きた、あるいは起きる可能性が極めて高くなっているという状況下では、休業を義務づけるなどの立法対応も一つの立法論としてはありえよう。なお中小企業で働く労働者で、休業手当の受け取れない者に対して、賃金の八割相当を支給する雇用保険法の特例法が二〇二〇年六月一二日に成立している。

また、使用者が、経済上の理由によって事業活動の縮小を余儀なくされ、労働者を一時的に休業させることで労働者の雇用維持を図った場合に、一定の要件を満たすことで、労働者に支払った休業手当相当額の一部が国によって助成されるという制度（雇用調整助成金制度）もある。ただ現行のルールでは、あくまでも「経済上の理由」による休業を対象としているため、大規模自然災害への備え、ということだけでは対象とならない（売上低下などによる事業活動の縮小という要件を満たすことが必要）が、こういった予防的な休業についての保障制度の拡充が望まれるだろう。

㈤その他

大規模自然災害などで大きな被害を受けた労働者が、賃金の前払いを受けることはできるのだろうか。使用者が、「前払いしてもいい」といってくれている場合には何も問題はないのだが、法律上は、労働者は、労働が終わった後でなければ報酬を請求できないことになっているため、就業規則で制度化されているなどの場合でない限り、労働者のほうから「前払いしてくれ」というのは難しいであろう。もっとも、災害など「非常の場合の費用に充てるため」に労働者が請求した場合、使用者は、支払期日前であっても既に労働した分の賃金は払わなければならないこととなっている（労基法二五条）。

ちなみにこの点に関して、コロナ禍下では、いわゆる「給与ファクタリング」も社会問題化した。これは、コロナ禍以前から全くなかったわけではないが、利用者が、勤務先から受け取る予定の給料を債権として業者が買い取り、業者は手数料を差し引いた金額を利用者に提供し、利用者は後日、業者側に給料分を支払うというしくみであり、法外な手数料であるケースもあるため訴訟に発展したりもしている（日本経済新聞（関西版）二〇二〇年六月三日）。（貸金業法の問題はさておき）労働法的な問題に限っていえば、賃金は本人以外に支払うことはできないし、原則として天引きもできない（労基法二四条）ため、法的には債権譲渡（つまり、業者がかわりに給料を受け取ること）をしたり、手数料を差し引いて渡すことは不可能である。しかし、本人が、給与相当額から手数料を控除した金額を借り、受け取った給料分を業者に支払うという形がとられている以上、労働者と使用者の関係は直接的・形式的には何もないため、労基法違反ともならないという点に、この問題の難しさがある。

また、中小企業が倒産状態となって賃金の未払いが生じた場合には、「賃金の確保等に関する法律（賃確法）」による、未払い賃金の立替払いという制度がある。同制度は震災などに限られるわけではないが、厚生労働省の調査では、岩手・宮城・福島の三県において、平成二三年度に同制度の適用企業が二五〇社（対前年度比四〇％増）、立替払い金額が一二億円（同差三三％増）であった。

②労働時間関連

(ア)問題の所在

大規模自然災害によって被害が生じた場合には、片づけや復旧作業が突発的に生じたり、あるいは出勤可能な労働者で業務を回さなければならないために時間外・休日労働が発生したり、ということもあろう。また、その他、大規模自然災害に備えての突発的な備えのための労働が生ずる、ということもありえよう。なお、大規模災害に伴っては、後片付けなどで不眠不休の労働に従事させられ、長時間労働となりやすいという問題もありうるが、この点については問題点の指摘のみにとどめておきたい。

### (イ)基本的な考え方

一般的な時間外労働の場合、労働基準法（労基法）ではいわゆる三六協定（時間外・休日労働に関する労使協定）を締結していなければ、時間外・休日労働をさせることはできないが、「災害その他避けることのできない事由」で、「臨時の必要がある場合」には、三六協定がない場合でも、行政官庁の許可を事前（場合により事後）に受けることで、時間外・休日労働をさせることが可能となる（労基法三三条一項）。また公務員については、公務のために臨時の必要がある場合には、「行政官庁の許可」とは関係なく時間外・休日労働をさせることが可能となっている（労基法三三条三項）ため、この条文が適用される公務員[2]については、この条文を根拠に大規模災害時には労働させることが可能である。

この「災害その他避けることのできない事由」には、当然のことながら地震や津波のような自然災害は含まれるが、あくまでも「避けることのできない事由」であることが必要である。したがって、通常発生する（発生しうる）事故であれば、基本的には対象とならない。

なお、そのようなレベルの自然災害などであっても、時間外・休日労働をさせるだけの「臨時の必要」があることが必要である。つまり、そのような災害などがよくある（ありうる）場合には、そもそもそのための備えをしておくことが可能なはずであるため、それをしてなかったことで生じた時間外・休日労働は、一般的には「臨時の必要があった」ということにはならないと考えられる。したがって、どのような非常災害か、予見可能性はあるのか、臨時的労働によって守られる使用者側の利益の種類・程度などから、「臨時の必要性」があったかどうかが判断されることになるであろう。[3] なお、そういった要件を満たす場合でも、法定の割増賃金（時間外手当、深夜手当など）については、当然のことながら使用者は支払う義務がある。

(ウ)具体的あてはめ

たとえば、被災によって崩壊した社屋の片づけや復旧などに駆り出された場合に労働させた場合は、三六協定がない中でなされたとしても即座に違法とはいえない。ただし、一定期間たってもなお休みなく働かされる、といった場合だと、「臨時の必要性」は少なくなろうから、三六協定がない状態であれば違法という可能性が高まるであろう。また当然のことであるが、

「会社だって大変なんだから、割増賃金は払わなくてよい」などという理屈はありえないことには留意が必要である。

㈤その他

労基法三三条の要件を満たせば、その限りで時間外労働をさせても労基法違反とはならない。しかし法的には、それだけで、労働者がそれに従って働く義務（以下、就労義務）を負うわけではないのである。

「労基法違反じゃないなら、当然働く義務は負うんでしょ？」と思う人が多いだろう。一般的な感覚ではそうかもしれないが、ただ、法的にはそうではない。労基法三三条の規定は、あくまでも「要件を満たせば、労働させても労働基準法違反ではなくなる」となる効果（いわゆる免罰的効力）を生じるにすぎないため、「労働者に、実際に労働を命令する」ためには、それとは別に、労働契約上の「根拠」が必要となるのである。[4]

基本的には、合理的な内容の定められた就業規則などの規定があり、それが周知されていれば、労働契約上の根拠として労働者を拘束するといえる（労契法七条参照）。ただ、一般的な時間外労働の規定は就業規則に置かれていることが多いであろうが、「大規模自然災害の際に、実際にどういった業務が発生するか」ということについては、そもそもあらかじめ就業規則に具体的に定めておくことは難しいであろうから、そのような定めが就業規則に置かれているということはあまり考えられない（せいぜい、定められていたとしても、かなり包括的・抽象的な規定が置かれているだけ、ということが多いであろう）。

では、そういった定めが就業規則の中になければ、労働者は就労義務は負わないのであろうか。もちろん、そのような解釈も不可能ではないが、大規模自然災害の場合には、そういった根拠がなくても、信義則（労契法三条四項）を根拠として、労働者は一定の範囲で就労義務を負うといえるのではないだろうか。もっとも、非常事態だからといって、無定量に労働者がそういった義務を負うと解されるべきではないことは十分に留意しなければならない（家にも帰れない状態での労働が当然に許容されるわけではない）。また、その場合でも、労働者の身体・精神の安全が確保されるべきであることは当然である。このあたりはケースバイケースではあろうが、労働者が就労義務を負うとしても、実際にどこまでの範囲で義務を負うのか、といった点は、今後より詰めた検討が必要となる分野といえよう。

ところで、コロナ禍下においては、いわゆるテレワークが大きく社会的に広まりを見せた。テレワークの労働時間性については、行政通達では[5]、一定の要件を満たすことでいわゆる事業場外みなし制度（労基法三八条の二）が適用されるとされているが、コロナ禍下でのテレワークが「災害その他避けることのできない事由」で、「臨時の必要がある場合」にあたるかというと、ほとんどの場合はあたらないであろう。なぜなら、ここでの「臨時の必要性」というのは、かなり突発的な事象に対しての突発的対応が想定されているからである。

③解雇

(ア)問題の所在

東日本大震災では、実際に社屋が津波に流されて営業活動そのものが困難になったケースも少なくなかったが、大規模自然災害に関しては、そこまでいかないにしても、大幅な営業規模の縮減などに伴って解雇や雇止めなどがなされることもあろう。

このように、「使用者側の経営上の理由による解雇」（厳密にいうと、労働者側の落ち度によらない解雇である）は、整理解雇と呼ばれ、大規模自然災害との関連ではこのような解雇がまず思いつくであろうが、このほか、連絡がつかない従業員、出社を拒否している従業員を解雇できるのか、などといったように、「労働者側の理由による解雇」という論点もありうる。[6]

(イ)基本的な考え方

解雇の場合、最低三〇日前の解雇予告、あるいは平均賃金三〇日分以上の解雇予告手当の支払い（以下、解雇予告など）が必要となる（この点は整理解雇だけに限らず、解雇全般に必要である）が、「天災事変その他やむを得ない事由のために事業の継続が不可能となった場合」はこの限りではない、とされている（ただしその場合も行政官庁による解雇予告の除外認定が必要となる。ちなみに東日本大震災時には、二〇一一年三月～九月までの宮城労働局による解雇予告の除外認定は、申請数三一〇件に対し認定数二七九件であった。さらに、解雇予告等をしたとしても、「客観的に合理的理由を欠き、社会通念上相当と認められない解雇」は権利濫用として無効になる（労契法一六条）。

ここでは、使用者側の都合による解雇（整理解雇）と、労働者側に理由がある解雇（普通解雇）を見ておきたい。まず、整理解雇の場合は労働者に原因があるわけではないため、通常の解雇に比べ、法的に認められるための要件は厳しくなっている（解雇の必要性、解雇回避努力を尽くしたか、人選の合理性、手続の相当性の、いわゆる四要件（要素）を満たす必要がある）。

つぎに、普通解雇についてである。この場合でも、上述のような解雇予告などが必要となる点は変わらないのであるが、他方、労働者が、大規模災害の被害を理由に欠勤しそれが長引いている場合や、予防的に欠勤しているといったケースでは、それを理由とする解雇は、一般論としては、整理解雇の場合よりは法的に許容されやすいといえようが、当然のことながらその場合であっても、客観的に合理的な理由を欠き、社会通念上相当と認められない場合は認められないこととなる。

(ウ)具体的当てはめ

まず整理解雇についてである。一般論として、津波などで工場や社屋が流されたために、明らかに企業としての経営活動がもはや不可能になった、というような場合には整理解雇が認められやすいであろうが、単に取引先が被災した、売上高が減少した、といった事情だけでは認められにくいであろう。裁判例では、阪神・淡路大震災に際し、取引先が被害を受けて売上高が減少したという状況で、そこまでの必要性が認められないとして解雇が認められなかったもの（コンテム事件・神戸地決平成七・一〇・二三）や、東日本大震災等で保険金請求が倍増した状況で、日本法人の駐在員削減にともなってなされた整理解雇の事案で、解雇回避措置が十分なされたとはいえない、として解雇が認められなかったもの（ロイズ・ジャパン事件・東京地判平成二五・九・一一）がある。

もっとも、近年の裁判例では、整理解雇の必要性そのものは広く認める傾向にあるが、反面、「解雇回避努力義務を尽くしたか」といった要件（要素）に照らして、結果的に整理解雇を違法とするものも少なくない。そうすると、仮に「必要性」が認められたとしても、たとえば一時帰休や希望退職、雇用調整助成金制度などを活用し、それでも解雇がやむをえなかったというような場合でなければ、整理解雇は難しいであろう。[7]

つぎに、労働者側に理由のある解雇である。大規模自然災害に際して、労働者の欠勤が長引いているような場合は、上述したように整理解雇の場合よりは解雇が認められやすいであろうが、欠勤について労働者側にやむを得ない事情がある場合、たとえば避難中であったり、交通手段がないために通勤できないといったような場合であれば、そのことだけを理由とした解雇は、「社会通念上相当」とは認められない可能性が高いであろう。裁判例では、阪神・淡路大震災の際、避難所生活や、家を失った子供の住居確保に奔走して一九日間無断欠勤していた労働者に対する解雇が否定されたもの（長栄運輸事件・神戸地決平成七・六・二六）や、NHKで海外向けラジオ番組等を担当していたフランス人女性への、三・一一直後に出国して一〇日以上業務を行わなかったことでなされた委託契約の解除につき、こういった事情の下での海外避難は強く責められない、などとして解除が無効とされたもの（NHK（フランス語担当者）事件・東京地判平成二七・一一・一六）がある。

このように見てくると、連絡もなしに出勤できないとしても、それが何らかの形で大規模自然災害に起因している場合には、そう簡単に解雇が認められるわけではない、ということができよう。ただ、大規模自然災害の規模や被害の程度がどの程度であったかによって、違いが出てくるものと思われる。なお、以上のことは、コロナ禍においてなされる解雇についても、概ねそのまま当てはまるであろう（コロナであることのみを理由に、簡単に解雇が認められるわけではない、ということである）。

⑵労働者の健康・安全に関わる問題

大規模自然災害に伴って生ずる労働問題のうち、健康・安全に関わる問題として、①労働災害・通勤災害（以下それぞれ、労災・通災）と、②大規模自然災害時の、労働者に対する業務命令の二つを取り上げる。

①労災・通災

㋐問題の所在

業務中や通勤中に自然災害に巻き込まれて負傷・死亡したり、被災した企業や自治体への応援に行かされ、そこで負傷したり、あるいはその際のショックで精神疾患になった場合などは、労災や通災となるのだろうか。

㋑基本的な考え方

一般に労災と認められるためには、仕事をしていた際に（業務遂行性）、仕事が原因で（業務起因性）負傷した、といえることが必要である。また、通勤災害と認められるためには、「通勤に通常内在する危険が現実化した」といえるか、がポイントとなる。そう考えると一般論としては、自然災害は偶発的なアクシデントであるため、労災や通災にはなりにくいといえる（実際、かつての行政通達は、原則として該当しないとの立場を採っていた）。もっとも、東日本大震災時の行政通達では、業務遂行中に地震等が原因で被災した場合には、「作業方法や作業環境、事業場施設の状況などの危険環境下の業務に伴う危険が現実化したものとして業務災害として差し支えない」（平成二三・三・二四基労管発〇三二四第一号）、また通災についても「被災の状況が明確にわからなくても、明らかに通勤とは別の行為を行っていた」事情がない限り認定する、とされている。

他方、被災した企業や自治体への応援などで派遣されて負傷したり、過労死したり、精神疾患に罹患した場合はどうか。これについては、こういった場合に関する独自のルールがおかれているわけではないため、基本的には通常の労災ないし通災の認定基準に沿って判断されることとなろう。

(ウ)具体的あてはめ

労災のうち、被災した企業や自治体への応援などによって負傷した場合などは、その応援が

「業務」といえるかどうかがまずはポイントとなるだろう。[8]「業務」に該当する場合、その負傷などが業務に起因して生じたものであれば労災ということになろう。

また、被災した企業や自治体などへの応援に行かされた場合、その最中あるいはその後にもし過労死であれば過労死認定基準（発症直前から前日までの異常な出来事への遭遇）、精神疾患であれば事故や災害の体験・目撃の程度などから判断される、ということになろう。[9]ただ、現行の法規定に従えば、たしかにそのような流れで判断されることとなるであろうが、このような形で応援に行かされた場合には、慣れない業務と心理的な負担で、必要以上に労働者に負担をかけているということも少なくないであろう。そう考えると、はたしてこのような形でのあてはめで本当にいいのかどうかは、やや疑問も残るところであろう。

なお、東日本大震災時に出された行政の判断基準では、避難中、被災地への出張中、事業場内での休憩中のほか、通勤途上（避難所と職場の往復も含む）などの負傷・死亡については、基本的には労災ないし通災として幅広く認められている。[10]なお、実際に業務起因性が問題となった事案としては、二〇〇四年一〇月に発生した新潟県中越地震（死者六八名）に際し、被災地への応援に派遣されて三日間活動に従事した町役場の職員が、帰還した翌日にくも膜下出血を発症したことが公務災害とされたものがある（地公災基金神奈川県支部長（B役場職員）

事件・東京地判平成二五・四・二五）。

㈓その他

東日本大震災の際に、労災ないし通勤災害と認定されなかったケースとしては、労基法上の労働者（九条）に該当しないような場合や、自宅の瓦礫から遺体が発見された場合（つまり家に帰っていた＝通勤が明らかに終了していた）など、かなり限定的なものに限られていたようである。これは、「被災者救済のために、弾力的な運用が取られた」という意味では評価できそうであるが、学説の中には、「東日本大震災だけを特別扱いする」ということについては、理論的に不公平感があるのではないか、との指摘[11]もみられる。なお、被災地への派遣に伴って生じた労働災害については、被災地に派遣された公務員が自殺したケースの存在などは紹介されているもの[12]の、統計的にそのようなケースがどの程度あったのかは、明確な統計がないため必ずしもはっきりしてはいない。この点に関する踏み込んだ分析・検討が必要となるであろう。

ところで労災に関しては、コロナ禍での問題は、大規模自然災害の場合とは大きく異なる。厚生労働省のＱ＆Ａでも、医療従事者については、業務外での感染が明らかである場合を除き、原則として労災給付の対象となるが、それ以外の労働者の場合については他の疾病と同様に、業務起因性の有無で判断する、とされ、具体例として、複数感染者が確認された労働環境下での業務や、顧客などとの近接や接触機会が多い労働環境での業務（小売業、バス・タクシー等の運送業など）が挙げられている。医療従事者の場合を除くと、基本的には通常の疾病と同じ流れで業務起因性を判断することになるが、業務に起因して感染したということの証明はなかなか困難であろう。

②大規模自然災害時の労働者への業務命令

(ア)問題の所在

大規模自然災害時に、使用者から復興作業に派遣されたり、危険な状況であるにも関わらず出社させられたような場合に、実際に負傷したりすれば、それは上述のとおり労災となる可能性がある。ただそれ以前に、そもそもこういった危険な業務命令に、労働者は従う義務があるのだろうか。

(イ)基本的な考え方

労働者にとっては、なんといっても「使用者の指示に従って働くこと」が基本的な義務である。これを法的に説明すると、その義務は、労働者が使用者との間で「労働契約」を結んでいることで発生するものであり、それゆえに「労働契約の範囲」でしか指示に従う義務はない、ということになる。もっともわが国の場合、就業規則の規定内容が（合理的で、かつ周知されていれば）労働契約の内容とされる（労契法七条）ため、復興作業への派遣や災害時の出社命令も、就業規則の規定によるものである限りは、基本的には「従う必要がある」となりそうである（実際に、就業規則の中に、幅広く業務命令を下せるようなざっくりとした規定が置かれていることが通例であろう）。

しかし反面、使用者は労働者に対し、生命や身体等の安全を確保しつつ労働できるよう配慮すべき義務（安全配慮義務）を負っている（労契法五条・労働安全衛生法三条）。従って、復興作業への派遣や災害時の出社に際しても、当然にこの義務を尽くさなければならない。

この両者の関係を踏まえて整理してみると、まず使用者は、業務命令権に基づき必要性・相当性の範囲で労働者に対して指示・命令を発することができるであろうが、同時に、安全配慮義務を尽くしたかが求められる[13]、あるいは、復旧作業従事命令に反した場合は懲戒処分もありうるが、労働者は一定の場合はそのような業務命令に従う必要はない[14]、といったところになろう。ただし、それでは不十分であり、労働者のほうからもっと主体的に「死（生命）の危険」を回避するべく、自己の判断で労務提供を一時的に停止するような労働契約上の権利（労務給付拒絶権）が認められるべき[15]、との主張もあり、注目されよう。

(ウ)具体的当てはめ

自然災害ではないが、撃沈される可能性のある海域での業務のための出航命令を拒否した労働者への解雇が争われた事案で、こういった状況下で「乗組員が、その意に反して義務の強制を余儀なくされるとは断じ難い」として解雇を無効としたものがある（電電公社千代田丸事件・最三小判昭四三・一二・二四）。また、NHK（フランス語担当者）事件判決は「生命・身体の安全を危惧して国外等への避難を決断した者について…その態度を無責任…として非難することなど到底できない」「（そのような）過度の忠誠を契約上義務付けることはできない」と述べており興味深い。

(エ)その他

結局、自然災害時の就労や被災地への派遣を労働者は拒むことができるのだろうか。大筋の理解としては「原則としては業務命令なんだから従わないといけないが、生命・身体の安全が脅かされる場合には、従う必要がない（従わなくても処分されない）」といったあたりになるのだろう。しかしそもそも、そんな状況下でも業務命令に従うことが「原則」なのだろうか？

その点で、右に述べた「労務給付拒絶権」という構成は注目されよう。とはいえ、いかなる根拠からそのような権利が出てくるのかについては、もう少し踏み込んだ検討が必要だろうし、もし労働者が、たとえば「高い報酬と引き換えに、あるいは、あえてそのような危険をわかって」いた場合には、こういった労務提供の拒絶、というのはむつかしくなる可能性もある。このあたりは、コロナ禍での問題についても、基本的には同じことがいえようが、具体的な被害・リスクとの関係がわかりにくい分、より厄介といえそうである。

ちなみに労働安全衛生法二五条は、労災発生の急迫した危険がある場合、事業者に労働者を退避させる義務を課しているし、鉱山保安法二七条は、鉱山労働者に急迫した危険があれば、自分の判断で作業を止める権利を保障している。鉱山という特殊な職場とはいえ、このような権利を規定したルールが存在しているということは注目に値しようし、一般的な職場への拡大も、立法論としては十分に検討に値するのではないだろうか。

この他に、自然災害と安全配慮義務が問題となったケースでは、津波発生時に、使用者の指示で屋上に避難した労働者一二名が死亡ないし行方不明となったことにつき、安全配慮義務違反を否定したもの（七十七銀行事件・仙台高判平成二七・四・二二）がある。

### 大規模自然災害と米軍基地労働者

最後に、東日本大震災時の基地労働者の状況についても簡単に紹介しておきたい。[16]

震災直後に、横田基地に臨時司令部が設置され（環太平洋地域の米軍幹部が集められた）、陸・海・空・海兵隊（いわゆる四軍）の指揮統制を行った他、放射能専門部隊なども派遣されてきた。震災直後は、①三沢基地（青森県）は停電しパイプラインも崩壊、②宮城・岩手・青森の沿岸部は壊滅的（海路による支援は困難）、③仙台空港も津波により壊滅的（空路による支援も困難）、といった状況であり、ヘリコプター支援を除けば陸路（東北自動車道）による燃料・物資輸送が中心であった。

横田基地労働者の対応については、①動員された米軍兵士への食事提供、②（日本製より高性能な）米軍消防車両の日本対応・整備や福島県への搬送・提供、③被災地（福島県）で救援活動を行った車両の洗浄、などといった後方支援が中心であった。ただ、大震災直後は、緊急時対応職員として位置づけられている従業員（Mission Essential、以下ＭＥ）以外は、家族のもとに帰らされたりするケースも多かったようである（ちなみに自然災害の場合、数段階のレベルがあり、激しい台風や大雪のときには基地内への立ち入り制限があるとのことであった）。

大震災の際には、基地労働者が被災地に直接派遣されたケースは限定的だったようであるし、現在ＭＥに指定されている基地労働者を含め、そこまで大きな問題と認識されているわけではなさそうであった。もっとも、在日米軍が改正した指令書（USFJ INSTRUCTION36－502（9

August 2017））によれば、自然災害を含む緊急時には、基地従業員の誰もがMEに指定されることがあり、その場合MEは、職場に出勤するか留まることを要求される（16. 2）とされている。このMEの人数上限や業務内容・場所等は上記指令書からははっきりせず、雇用主である防衛大臣の最終的見解も示されていない。そうするとやはり「危険に晒される可能性」は残っているのである。また、本書においてもしばしば指摘されているように、そもそも労働法規より日米地位協定が優先されている以上、民間労働者よりも、いざというときの法的保護がかなり脆弱であるということは留意が必要だろう。結局これは、一章でも見られた、「良い米軍、悪い米軍」のまた1つの側面、ともいえよう。

## おわりに

ここでは、大規模自然災害時の一般的な労働法上の問題を、随所でコロナ禍での問題とも絡めながら紹介したほか、東日本大震災時の基地労働者の状況も紹介した。大規模自然災害における労働問題に対しては、どちらかというと「従来のルールを活用しての、ピンポイントでの対応」というのが中心になっているが、大規模自然災害は今後も来るであろうし、そうでなくても、コロナ禍のような状況に晒されているわが国においては、そのための統一的な労働法理論の構築こそが、これからの大きな課題として突き付けられているといえよう。

## 第二節　基地労働とコロナ拡大問題

### はじめに

二〇一九年末あたりから、いわゆる新型コロナウイルス感染症（Covid-19。以下、コロナ）拡大が世界的な問題となっており、二〇二〇年七月あたりからは、在日米軍基地におけるコロナ拡大も連日報道されている。

コロナのような大規模な感染症拡大は、「自然災害」の一環ともいえなくはないだろうが、終わりが見えず、かつ、誰もが感染リスクにさらされかねないなど、大雨や地震などのような一般的な自然災害とは異なる部分も多い。

ここでは、在日米軍基地におけるコロナ感染拡大の状況をニュース報道などから整理し、これに伴って、米軍基地で働く基地労働者にどういった労働問題が生じているのかを紹介する。そのうえで、これらの労働問題の一般的な労働法ルールとの対比の中で、基地労働ならではの特殊性をみていくこととしたい。

## 在日米軍基地とコロナ感染拡大

まず、在日米軍基地におけるコロナ拡大状況を、ニュース報道をもとに簡単に整理しておきたい（以下、記事の日付については、すべて二〇二〇年のものである）。

米軍とコロナ拡大に関する初期の報道は、米海軍原子力空母における感染拡大と、それに関する支援を求めるメール送信を理由としての空母艦長の解任（共同通信四月三日）であろう。またその少し後には、横須賀基地配備の原子力空母「ロナルド・レーガン」でも感染が確認され、基地が一時閉鎖された（神奈川新聞五月二二日）との報道がみられる。

六月には、米国から三沢基地に到着した複数の軍関係者の感染が確認されたとの報道（朝日新聞六月一七日）が見られるが、七月に入ると報道が急増し、普天間飛行場の関係者感染（朝日新聞七月八日）、キャンプ・ハンセンでの集団感染発生可能性（朝日新聞七月九日）、沖縄県知事から在沖米軍への感染者数公表や拡大防止徹底等の申し入れ（沖縄タイムス七月一一日）、米軍関係四六人が感染確認直前に基地外に（朝日新聞七月一八日）、嘉手納基地勤務の日本人男性が感染（朝日新聞七月二三日）、在沖米軍五つの基地で計二三二人感染（朝日新聞七月二六日）など、コロナ拡大が大きく報じられることとなった。コロナ拡大は全国の基地でもみられており、在日米軍司令部も批判を受け、海外から在日米軍基地に入国する米軍兵士らにＰＣ

R検査を義務づける方針を打ち出した（時事通信七月二四日）。

これらの一連の騒動に関しては、米軍による感染者情報（感染経路など）が十分開示されていない[17]、また、わが国のコロナ感染対策が米軍基地には及ばない[18]、といった問題が指摘されている[19]。特に後者については、二〇一三年一月の日米合同委員会で承認された覚書で、日米の衛生当局は在日米軍基地・施設で感染症患者が出た場合の情報共有や、防疫措置が必要となった場合の、基地・施設内の病院と日本の保健所が協力して必要な措置をとるなどの取り決めは存在するもの[20]の、コロナ拡大の中で具体的に何ができるかは想定されていないため、不十分なものとなっているのである。

### コロナ拡大と基地労働者を取り巻く労働問題

基地労働者やその家族が病院で診療等を拒絶されるといった問題[21]や、基地労働者の子供への学校でのいじめ懸念[22]なども深刻であるが、コロナに起因して生じている労働問題としてはいかなるものがあるだろうか。ここでは、臨時的な勤務シフト変更や自宅待機への変更などの問題、コロナ感染拡大に関する安全衛生問題、その他、に分けてみておきたい（なお、以下で紹介する具体的な労働問題については、新聞記事に基づくものを除き、全駐労神奈川地本・飯島智幸委員長より提供いただいた情報をもとにしている。ここに謝辞を述べたい）。

### ⑴勤務シフト変更や自宅待機への変更などの問題

感染拡大が懸念されはじめた二〇二〇年三月あたりから、米軍基地でも勤務形態の一方的変更（出勤者数抑制のための交代制勤務の導入や、一日一〇時間×週四日勤務などへの変更、自宅待機命令など）や、一部部門（飲食部門など）での業務量や超過勤務の増大などが見られたようである。

この点、一般的な労使関係であれば、いくら非常事態であっても、勤務形態や就業場所などは重要な労働条件であるから、就業規則などの規定により、あらかじめ変更がありうることが明確に労働契約の内容と評価できるような場合を除けば、基本的には労働者の個別同意が必要となろう（労契法八・九条）。ちなみに基地労働者の就業計画変更については、（基地労働者の雇用主である）防衛省と在日米軍間の「基本労務契約」に基づき、一五日前までの日本側への提示が原則として必要となっているが、他方、その解釈運用を定めた手引きである基本指令（Standing Instruction）では、緊急・非常時の就業計画の臨時変更は、この通知を要しない（監督者から従業員へ通知する）とされていたこともあり、実際には、通知を欠いたままなされたケースが少なくないようである。この「基本指令」の法的位置づけが難解である（行政機関の通達等に近い）が、就業規則とは性質が異なるものであるし、労働契約法が排除されるわけではないため、基地労働であっても基本的には労契法八・九条に従って、労働者の同意がなければ変更はできないものと解すべきであろう。

また勤務形態変更と併せ、処遇面をどうするか、具体的には、自宅待機命令がなされた従業員に関し、休業手当身分（給与の六〇％保証）とするか管理休暇（使用者都合による有給休暇／満額支給）として扱うのか、という問題も存在する。この点は労働組合の強い働きかけもあり、三月末にいったん一四労働日分は管理休暇として一〇〇％保証、その後の労働日については期間を定めず延長された（かつ、在宅勤務（テレワーク）の導入も浸透した）ようである。

こちらについては、労基法の休業手当（二六条）の保障水準が六〇％であることからすれば、一般的な労働者よりは恵まれているといえなくもないが、本来は雇用主（防衛省）が決めるべきはずの基地労働者の処遇決定につき、雇用主が米軍基地との間で十分な交渉力を持ちえず、右往左往している状況が見て取れる。また、かなり柔軟な対応がなされた職場もあったようであるが、反面、自主的に休んでいる人の中には、年休を使い切って無給となっているという報道もあり[23]、単純に恵まれていると片付けることはできないであろう。

## ⑵コロナ感染拡大に関する安全衛生問題

つぎは、感染拡大などに関する情報が基地労働者にはきちんと伝えられておらず、不安な中での就労を求められる、という問題である。報道でも、一部の従業員が、基地内感染経路などを告げられないまま、感染防止対策が消毒やマスク着用のみで休日出勤を命じられ米兵向けの弁当作りに従事させられた（琉球新報七月一二日）や、職場の上層部に業務時間短縮や休業を要求しても全く聞いてもらえなかった（沖縄タイムス七月一九日）などが見られる。

もっとも、「感染懸念のある中での就労」という問題は、それ以前から見られたようである。例えば、全駐労神奈川地本によれば、三月時点では、感染疑いのある兵員（実際、その後複数の兵員から陽性者が出た）の空港送迎を命じられた、一時宿泊施設で従業員に宿泊者情報が提供されない、物理的遮蔽のないまま循環バスに乗せられるといった問題が見られたようである。

一般的な労使関係においても、十分な感染防止策がとられていない中で就労させれば、使用者の安全配慮義務（労契法五条）違反となるが、この点は基地労働者に関しても同じである。ただし基地労働者の場合、感染防止策を実施するのは、基地労働者と直接の契約関係にはない米軍である（契約の相手方である防衛省ではない）ため、米軍が基地労働者に対し契約上の責任を負うといいうるかはやや微妙である。とはいえ、直接の契約関係にないといっても、十分な感染防止策をとることが基地労働者に対する信義則上の義務（民法一条二項）ということはいえるであろうし、そのような中で、何ら感染防止策をとらなければ不法行為（民法七〇九条）となる可能性もあろう。このあたりは、自然災害下での労働の問題とも重なる部分があろう。

なお、こうした状況下での就労によってコロナに感染した場合は、いずれにしても労働災害と認められる可能性が高いといえる。

(3)その他

一部の米軍基地では、基地労働者がミッション・エッセンシャル（以下、ＭＥ）に署名しなければ基地に入れない、あるいは署名しなければ休業手当身分（給与の六〇％保証）とすると強要した等の問題や、米人管理者が、非常事態であることを理由に、年次有給休暇等の取得を制限したり、ＭＥ業務だからとして通常の数倍の濃度による有機洗剤の使用を命じられ、入院者がでたといったトラブルもあったようである。

ＭＥは日本の労使関係では少しわかりづらいが、「緊急時には緊急的な業務に従事する」といった役割のようなもの、とさしあたり理解できよう。これは自然災害時の就労問題などとも関連するものであり、必ずしもコロナ問題に限った話ではないが、一般的にはそのような役割が求められる場面はありうるであろうし、そういった働き方が必要であることも否定はできない。したがって、即座に「ME＝悪質」と片付けることは難しい反面、「非常事態だから」というこことで、危険業務への従事可能性が際限なく広がるものだとすると、やはりこのようなしくみの運用には、少なくとも丁重な説明による同意を得ること、加えて、きちんとした安全確保措置を取ることなどが求められるのではないだろうか。

## おわりに

ここでは、二〇二〇年七月から世間を席捲しだした在日米軍基地におけるコロナ禍での労働問題について、新聞報道と、主に全駐労神奈川地本からの情報提供をもとに、現状紹介と考えうる論点を整理した。ふみこんだ検討まではできていないことに加え、必ずしも全ての基地で同様の問題が起きているわけではないこと、自然災害と同様、コロナ禍での労働問題は、（雇用主（防衛省）―使用者（米軍基地）―基地労働者、という三者関係により複雑化している面はあるとしても）単純に、米軍基地が悪い、と片づけられない面もあることには留意が必要であろう。とはいえ、コロナ禍によって、基地労働者の身分の不安定性が、また新たな形で炙り出された、ということだけは確実に指摘できよう。

## 第三節　戦後日米経済関係を振り返る：プラザ合意は日本の「失われた二〇年」の原因か？

### 序論

本書は、主として軍事同盟を通じたアメリカと日本の関係を基地労働者の視点より論じており、すでに様々な事例についての興味深い論が展開されているが、ここではより俯瞰的に、戦後の日米関係を経済の側面から概観してみたい。

経済的な関係は、政治的・軍事的な関係と密に関わっていることは、人類の歴史を振り返れば明らかであろう。一九世紀から二〇世紀にかけての英国の覇権は、産業革命による圧倒的な経済力を背景に築かれたものであり、二〇世紀初頭からの米国の覇権は同じく米国の圧倒的な経済力が可能にしたものである。戦後の米ソ間の覇権争いも米国の経済力によって一九八〇年代末には米国一強の時代となった。

トランプ大統領が就任して以来、米国は中国との明確な覇権争いの時代に入った。中国は歴史上稀に見る速度で経済成長を遂げ、それと共に軍事的にも米国に追い付き追い越そうとしている。トランプ大統領はその中国に覇権を奪われないために、中国の経済的躍進に歯止めをかけようとしていると言っても過言ではないだろう。米国政府は、中国が米国の高度な技術を「盗んでいる」一方で米国の巨大市場から利益を得ていると非難し、中国製品の輸入に対し高関税を課した。中国も報復関税をかけ、報復関税の応酬が続いている。トランプ大統領は、「私は「関税男」だ。これは貿易戦争であってアメリカは必ず勝利する。」、とまで発言するほど、貿易戦争を真っ向から肯定している。この米国による中国バッシングは一九七〇年代のジャパンバッシングを彷彿とさせる。日本は米国の占領を経た後、米国の同盟国として軍事的な安定のもとで飛躍的な経済成長を遂げ、一九八〇年代には米国に次ぐ経済大国となった。あまりの躍進振りに、米国政府は日本が米国を経済的に追い抜くのではないかと恐れた。しかし、日本経済は、一九九〇年代、二〇〇〇年代におけるいわゆる「失われた20年」という景気悪化に見舞われ停滞し、その後も以前のような好景気からは程遠い状況である。

現在、中国の一部知識人は、アメリカが中国の経済的な台頭を抑え込もうとし、一九七〇〜八〇年代に日本に対して実施した「日本封じ込み」作戦と同様のことを中国に対し実施しようとしている、と主張している（The Economist（2019））。特に、一九八五年のプラザ合意が米国の強烈な主張により実施され、それが日本のその後の「失われた二〇年」の引き金になった、と主張している（South China Morning Post（2019））。本稿では、戦後の日米経済関係を振り返ることによって、同主張の正当性について検証するとともに、一九七〇～八〇年代の日米貿易摩擦と現在の米中貿易摩擦の類似点と相違点について議論する。

**本論**

日本は第二次世界大戦の戦後不況から朝鮮戦争（一九五〇年～一九五三年）によるいわゆる戦争特需を契機に景気回復に向かう。米国を中心とした国連軍が支援する大韓民国とソビエト連邦および中華人民共和国が支援する北朝鮮との戦争は、米国軍の拠点であった日本からの物資の供給を必要とし、日本経済を好転させたわけである。その後、好景気が続き、一九七〇年代に日本は空前の高度経済成長を実現する。一方で、米国経済は一九七〇年代にインフレーションと不況が同時に発生するスタグフレーションに悩んだ。日本は高度経済成長により製造業を中心に生産性向上を達成し、自動車を始めとした様々な製造品を米国に輸出することになった。その結果、日本の対米経常収支は大幅な黒字になった。この背景には、日本の製造業の生産性向上もしかることながら、米国側の理由も指摘されている。石井（二〇一一）はつぎのように述べている。

ドル高と国際収支不均衡の背景としては、米国の財政赤字要因が大きい。財政赤字による景気刺激が米国の輸入と日本の輸出の拡大をもたらし国際収支不均衡を生み出していた。しかし、米国側は、日本が輸出を拡大する一方で輸入が増えないのは、市場開放が十分に進んでいないからであり、また円の国際取引に関する強い規制が存在することで円の価値が実力以上に低く評価されていることがその主たる理由である、と主張していた（石井（二〇一一））。

一九八〇年代半ばから、米国議会など米国内において日本からの自動車などの輸入急増を抑えようとする保護主義が台頭するようになった。日本に対して市場開放や内需拡大を迫ることが、この間の米国政府の一貫した対日基本戦略となったのである。これに対して、当時の日本国内では、財政再建路線を掲げる大蔵省は内需拡大のための財政支出には消極的だった。また、日銀も金融緩和に対する姿勢は必ずしも積極的でなかった。一九八五年半ばの日本は、財政出動などによる内需拡大政策の積極化よりは、為替市場への介入による円高誘導を選好していたのである。また、プラザ合意の際、竹下蔵相は円高の推進に対して非常に意欲的であった、とさえ言われている（石井（二〇一一））。

貿易摩擦の激化を恐れた日本は、米国、英国、西ドイツ、フランスと共に一九八五年プラザ合意にて、米ドル高に誘導する国際協調政策に合意する。一九八六年末までに対ドル円名目為替は四六％上昇した（ＩＭＦ（二〇一一））。円高ドル安が進行し、外需依存であった日本経済の景気は後退を始めた。景気の後退に対し、日本の政策当局は、大規模なマクロ経済政策を実施する。日銀は公定歩合を三％引き下げ、日本政府は公共事業など大規模な財政政策を実施した。金融緩和、財政出動の結果、一九八七年までには日本経済は寧ろ加熱し、国内総生産は増加、株価や地価が一九八五年から一九八九年にかけて三倍に跳ね上がるなど資産価値が上昇、貸付も急増した。しかし、一九九〇年一月にはバブルが弾け、株価の暴落が始まった。一年以内に株価は三分の一に減少し、その後失われた二〇年に至る。

上記の日米経済関係の歴史を振り返って、プラザ合意が日本の失われた二〇年の原因であったかについて、これまでの研究からまとめてみよう。そもそも、プラザ合意による国際協調政策がどの程度円の上昇に寄与したかについては、経済学界においてはコンセンサスには至っていない。円高の進行により、それまで増加し続けていた日本の対米輸出額は低迷するようになる。Taylor（一九九五）は、円高ドル安はプラザ合意よりも以前に始まっておりプラザ合意はあまり関係がない、と述べている。次に、円高ドル安直後の日本の景気後退に対する日本の政策当局の景気刺激策についてであるが、幾つかの研究は、金融緩和が行き過ぎていたと指摘している。例えば、Jinushi, Kuroki, and Miyao（二〇〇〇）やLeigh（二〇一〇）は、一九八六年から一九八八年の公定歩合は、テイラールールに基づく理論的な理想値よりも四％程度低かったと述べている。すなわち、必要以上に低金利政策を敷いてしまったため、経済を加熱させてしまった結果バブルの崩壊に至ったというわけである。また、金融緩和だけでなく、他の要因もその後のバブル崩壊を招いたと指摘する研究もある。コロンビア大学の著名な知日経済学者Weinstein氏は、日本経済の停滞の主要因は、少子高齢化であると議論している。このように、米国が中国を抑え込もうと第二のプラザ合意を狙っているとする冒頭の中国の一部知識人の認識は、的を射ていないというのが、これまでの研究結果が示唆するところと言えるだろう。

つぎに、日米貿易摩擦と米中貿易戦争の類似点と相違点について考察する。中国市場が十分に開放されておらず中国政策当局が中国元の為替レートが実力以上に過少になるよう為替操作を行っているとするトランプ政権の主張は、一九七〇年代から一九八〇年代前半にかけての米国政府の日本に対する議論と相通じるものがある。一方で大きな差異として、日本は安全保障にて米国に依存しており米国に対し自国の主張を押し通すことができる状況ではなかった一方、現在の中国は軍事的にも米国に対抗しており、自国の主張を押し出すことのできる状況にある。当時の日本は自動車の自主的輸出規制を実施するなどして、米国の圧力に対し宥和的な対応を行った。一方で、中国は米国からの輸入金額が多い大豆などに対して報復関税を課すことによって、対決姿勢を崩していない。また、もう一つの大きな違いは、プラザ合意時のレーガン大統領は、決して自由貿易に反対しておらず、過度な保護貿易に米国が進まないよう気を配っていたという点である。一方で、トランプ大統領は、上述の通り、貿易戦争を公然と肯定している。トランプ大統領は、更にそれまで禁じ手と考えられいずれの世界貿易機関（WTO）加盟国も使うことのなかった「国家安全保障上の必要性」を理由に、中国のみならず欧州諸国やカナダ、メキシコ、日本など米国の同盟国に対してさえも高率の関税を課し始めた。「国家安全保障上の理由」は世界貿易機関の取決めには存在するのであるが、同事項は国家機密に関わることでもあるため、発動した国の理由の正当性についてWTOが判断を下すことが難しいため、いわば「禁じ手」と考えられ、それまで誰も手を出すことがなかったのだ。

これを契機に現在、戦後世界が経験していない規模の報復関税が次々と行われている。国際経済学が明らかにしてきた最も重要なことが、貿易は一般的・全体的にはWin-Winの関係である、とするものであるが、現在戦後世界が築き上げてきたその関係が崩れるかもしれない局面にあると言えよう。ただし、トランプ政権が主張する中国政府の補助金などは不公正であるとする点に同意するWTO加盟国はEU諸国やイギリス、日本を始め多い。上記報復合戦がトランプ大統領の交渉戦略で、WTOルールの修正・厳格化が実施されれば、落ち着く可能性もあるだろう。

## 結論

ここでは、戦後日米経済関係の重要な節目となったプラザ合意によって米国は日本の経済的台頭を抑え込んだとする近年の中国における主張について検証し、当時の日米経済摩擦と現在の米中貿易戦争の相違点と類似点について考察した。プラザ合意が日本のその後の経済的停滞の主要因とは考えられないこと、また現在の米中貿易戦争は、日米経済摩擦とは類似点は若干あるものの相違点が大きく、ある意味次元の異なる世界的な懸念事項であることを議論した。


参考文献：

The Economist（2019） The Economist 二〇一九年五月二三日号

IMF World Economic Outlook 2011 Box 1.4. Did the Plaza Accord Cause Japan's Lost Decades?

Taylor（1995）Changes in American Economic Policy in the 1980s: Watershed or Pendulum Swing?, Journal of Economic Literature, 1995

ＥＳＲＩ日本経済の記録―バブル・デフレ期の日本経済―第二部第二章―石井晋 二〇一一

## 注

1　新型インフルエンザ等対策特別措置法に基づく自粛要請に基づく休業については、厚生労働省は、「事業の外部より発生した事故」に該当するが、「最大の注意を尽くしてもなお避けることができない事故である」といえるかは、十分な努力を尽くしているかどうかによる、との立場を取っている。ただし日本労働弁護団は、同法に基づく要請などを、一律に「事業の外部より発生した事故」に該当する、とすることは誤りであるとしている。

2　具体的には、特定独立行政法人の本庁・管理局の国家公務員、県庁・市役所、公立学校などの地方公務員などであり、限定されている。山田省三・石井保雄『トピック労働法』（信山社、二〇二〇年）一〇七頁。

3　西谷敏・野田進・和田肇編『新基本法コンメンタール　労働基準法・労働契約法』（日本評論社、二〇一二年）一二七頁。

4　この点は、特に大規模災害の場合でなくても、労基法三六条による時間外労働協定と労働義務との関係でも問題となる。この点が問題となった事案として、日立製作所武蔵工場事件・最判一九九一・一一・二八がある。

5　具体的には、自宅で行われ、パソコンなどが使用者の指示で常時通信可能な状態となっていないこと、業務が随時具体的な指示に基づいて行われるようなものではない場合である。

6　ちなみに、使用者・労働者のいずれに原因があるか、という点は休業手当の話と似ているように感じるかもしれないが、解雇の場合、労働者側に理由がないなかで会社によってなされる解雇を整理解雇と捉えるため、この点は休業手当と異なっていることには注意が必要である。

7　東日本大震災では、岩手県沿岸部を中心に展開するスーパーマーケットである㈱マイヤが、一六店舗中六店舗が被災した中で、数百人のパートをいったん解雇し、数か月後には希望者を全員再雇用したことが話題となった（https://www.huffingtonpost.jp/cybozu/311_b_4937928.html）。コロナウイルス感染症に際しても、そのような解雇がしばしば話題となっている。当事者の労使関係にもよるため一概に是非を論じることは難しい面もあるが、雇用保険の基本手当受給などの問題は残る。

8　ボランティアなどの場合は微妙であるが、自主的に行った場合、基本的には「業務」とはいえないとされるケースが多いであろう。

9　脳血管疾患及び虚血性心疾患等の認定基準（二〇〇一年一二月）および心理的負荷による精神障害の認定基準（二〇〇一年一二月）参照。

10　岩手労働局へのヒアリングでは、遺族（補償）給付にかかる労災請求件数六五〇件中支給決定が六二七件（九六・五％）であったとのことである。

11　早川智津子「大震災と労働法」労働法学会誌一二〇号（二〇一二年）一一六頁。

12　「惨事ストレス」編集委員会『惨事ストレス　救護者の〝心のケア〟』（緑風出版、二〇一四年）一六一頁以下。

13　和田修一「自然災害への対応と安全配慮義務の関係」損保ジャパン日本興亜RMレポート一三〇（二〇一五年）三頁。

14　https://roudou-bengoshi.com/rousai/5769/。

15　春田吉備彦「災害時の労働者の労務給付拒絶権にかかわる一試論」福祉社会へのアプローチ（下）（信山社、二〇一九年）三五三頁。

16　二〇一九年七月二六日に全駐労本部を訪問し、紺谷智弘委員長、清水千代宜書記長、岡崎紀明東京地本委員長他から伺った話による。

17　もともとは、米国防総省が米軍のコロナ感染状況の詳細を公表しないよう各国に求めたことに端を発するものであるが、批判を受けて公表に転じたものといえる。

18　具体的には、米軍については日米地位協定九条二項に基づき、入国時に日本の検疫にかかる国内法が適用されないため、軍用機であれば、日本の基地に直接入ることが可能となっている。

19　「米軍隔離措置に抜け穴か　コロナ予防策、不透明な実態」（琉球新報七月二〇日）。

20　「米軍基地のコロナ重症者にどう対応　神奈川県知事が答弁」（朝日新聞六月一九日）。

21　「基地従業員『診察を拒否された』県内の一部病院で制限　組合に相談に二〇件」沖縄タイムス七月一八日）。

22　「基地従業員の子に登校自粛」（琉球新報七月一五日）。

23　「基地従業員『もう無理』感染回避で退職者も」（沖縄タイムス七月一九日）。

# 終章

# 主権侵犯のゆくえ

令和元年（五月）を迎え、令和二年（二〇二〇年）はコロナ禍の厄年となった。八月一五日には、七五回目の終戦記念日と戦後七五年が経過した。最後に、「今後」の日本社会と労働社会についても見通しておこう。日本社会については、引き続き、米軍が駐留し続けるであろうことから、在日米軍の駐留活動を法的に支える根拠としての「日米安保条約」と米軍の法的地位や米軍基地の管理運営を定め、米軍がどのような条件で沖縄や日本に駐留できるかについて定めた「日米地位協定」にかかわる問題が、突きつけられていくことだろう。

労働社会については、有刺鉄線《フェンス》の中から見てみると、日米地位協定に基づいて、米軍基地内が米軍の主権下に（「排他的基地管理権」が）あることから、基地労働者への安全配慮義務を国が十分に尽くせないとか、基地内に米軍関係者が逃げ込むとか、基地に由来する燃料や有害物質が漏出した際の米軍基地内の環境調査が困難であるとかの問題がある。そして、この問題については、防衛省・環境省・労働基準監督官・沖縄県庁職員・沖縄県の警察官・各自治体の消防署員・宜野湾市職員・嘉手納町職員などでも十分に対応できないことが確認できる。このことは、基地労働者の視点から示唆されるものであり、まさに、基地労働者は有刺鉄線《フェンス》の中から警鐘を鳴らす「炭鉱のカナリア」のような存在といえる。なお、この問題は、いわゆる、ＮＩＭＢＹ（Not in my back Yard）的思考[1]に幻惑され、とりわけ「沖縄」などの米軍基地のある特定地域の問題として等閑視されがちである。自分に火の粉が降りかからない限り、誰でも不都合な場面を見ても、「見ざる聞かざる言わざる」となりがちであるが、話はそう単純ではない。例えば、米軍による地域住民の爆音被害救済のつけを誰が支払うのかという問題がある。日米間で騒音防止協定が締結されても爆音被害はやまない。裁判で米軍機の夜間飛行などの差し止めを認めさせるのはなかなか難しいが、周辺地域住民への賠償金は肯定される傾向にある。主として米軍機が巻き起こす爆音にかかわる「嘉手納基地」「普天間飛行場」「厚木基地」「横田基地」などの爆音被害訴訟で確定した賠償金のうち米側が賠償金の応分の負担に応じず、日本政府が肩代わりして少なくとも一五〇億円以上の多額の税金が投入されている。[2] 真の加害者・責任者が争いの舞台に、一切、登場せずに、ひたすら、日本の納税者だけにそのツケを回させて延々と払わされ続けている。同様に、辺野古の財政負担も日本の納税者にそのツケは回される……。

さらに、日本社会については、有刺鉄線《フェンス》の外にも、米軍の主権は広範囲に及ぶ。それでも、「アメリカ様の文句はいうな」という「自発的隷従」[3]に取り込まれながら、無関心を装う国民も少なくない。日本全土のいずれの地域でも、米軍関係の主権と日本の主権が衝突する場合、米軍関係の主権が優先され、日本の主権が排除される。[4] 日本の外務省は、この主権競合の問題について、つぎのように主客転倒の関係にお墨付きを与える。[5]

〈一般に、受入国の同意を得て当該受入国内にある外国軍隊及びその構成員等は、個別の取決めがない限り、軍隊の性質に鑑み、その滞在目的の範囲内で行う公務について、受入国の法令の執行や裁判権等から免除されると考えられています。すなわち、当該外国軍隊及びその構成員等の公務執行中の行為には、派遣国と受入国の間で個別の取決めがない限り、受入国の法令は適用されません。以上は、日本に駐留する米軍についても同様です。〉

この結果、日米地位協定と密約とも称

機動隊に守られて搬出される米軍兵員輸送車（1972年9月）：相模原市提供。ベトナム戦争終盤を迎えていたこの頃、米軍は破損した戦車を神奈川県相模原市の相模総合補給廠で修理し、再び戦地に送るべく横浜ノースドックへ輸送していた。それを知って憤激した市民がノースドック手前で座り込みを敢行。戦車の輸送は断念された。

される「日米合同委員会」の合意を根拠に米軍関係の無限定な行動が許され、関連国内法規の適用除外という操作を経ることで、日本国民や地域住民には、例えば、低空飛行訓練を行う米軍機による墜落事故・部品落下事故、米軍側が有し日本側が航空管権限を有しない「横田空域」「岩国空域」「嘉手納空域」問題などの様々な基地被害がもたらされる。[6] 米空軍は、北は北海道から南は沖縄まで、日本の各地にいくつもの低空飛行訓練ルートを設定して、「訓練」と「移動」の概念[7]を使い分けることで、急降下・急上昇を伴う対地攻撃訓練（射爆撃は行わない）を繰り返し、日本各地で墜落事故を起こしている。米海軍・海兵隊も「寄港」と「移動」の概念を使い分け、自由に往来する。米陸軍も、一九七二年の「相模原戦車闘争」で示されたように、道路交通法に基づく車両制限令の重量規制を適用除外する国内法を新たに日本政府に作らせることで、これまた自由に「移動」できる。

**米軍との地位協定や国内法適用など５カ国比較表**

| | 国内法 | 管理権 | 訓練・演習 | 航空機事故 |
|---|---|---|---|---|
| 日　本 | 原則不適用 | 立ち入り明記なし | 航空特例法などで規制できず | 捜査の権利を行使しない |
| ドイツ | 原則適用 | 立ち入り権明記・パス支給 | ドイツの承認が必要 | ドイツ側が現場を規制、調査に主体的に関与 |
| イタリア | 原則適用 | 基地はイタリア司令部の下・伊司令官が常駐 | イタリアの承認が必要 | イタリア検察が証拠品を押収 |
| ベルギー | 原則適用 | 地方自治体の立ち入り権確保 | 自国軍より厳しく規制 | 未確認 |
| イギリス | 原則適用 | 基地占有権は英国・英司令官が常駐 | 英側による飛行禁止措置などを明記 | 英国警察が現場を規制、捜索 |

図は、沖縄タイムス（2019年５月５日）から引用。

主権侵害の最前線である「沖縄県」では、基地被害と駐留米軍にかかわる各国比較の調査を公表している。[8]一瞥すれば、外務省の公式見解は、他国との比較からすれば異質なものと読み取れる。なにゆえに、米軍関係がかかわる主権については、日本の主権が一斉に排除されるのかということについては、日本社会の「戦後」「災後」「今後」の歴史を貫通する疑問点として浮かび上がってくる。

日米安保条約や日米同盟に対する日本の姿勢は、「米軍からの見捨てられ恐怖」と「米軍の行う戦争への巻き込まれ恐怖」という二つの恐怖の矛盾撞着の間で揺れ動く。見捨てられ恐怖から日本の国益よりも米国に無限定に追随することが最善の選択であるとするのが、これまでの日本政府の姿勢であったといってよい。しかし、これまで許されてきた、米軍駐留が織りなす世界が、日本の主権を大きく制約している現実が、これからも許されるとは思えない。さらに、これまでの日本の主権を侵害する米軍の行動は、巻き込まれ恐怖と被害を被る国民の視点から批判を招き続けるであろう。

それでは、見捨てられ恐怖と巻き込まれ恐怖から免れる方法はあるのか。それは「自主防衛」である。しかし、そうすると直ちに、憲法九条と自衛隊の関係をどのように再整理し、外交・防衛政策をどのように再構築するのかというさらなる難問に撞着する。つまり、「アメリ力に頼っていれば大丈夫」という立場と「憲法を守っていれば戦争にならない」という立場は、両者とも、願望のようなものであり、戦後七五年、日本が積み残した根源的課題の解決に真摯に臨むには心もとない姿勢である。

ローマ時代の古い諺に「平和を欲すれば戦に備えよ（Si vis pacem,para bellum）」というものがある。平和を尊び、戦を遠ざけ、軍国主義を拒絶するためにこそ、日米地位協定や日米の軍事問題にかかわる知識について、我々は学び・考え抜く必要がある。

これまで、戦後一貫して、本書の主人公である基地労働者について、我々は、明確な国内法上の位置づけができないままに放置している。このことは、日本の主権と米軍の主権の主客転倒した関係を等閑視し、日米地位協定にかかわる問題については日本の国内法で適用除外にして、日本の国家としての主権を正確に位置づけることが出来ずにやり過ごし、これまで、先延ばししてきた姿勢と軌を一にする。

戦後七五年とは、明治維新から第二次世界大戦終結と同じ期間が過ぎたことを意味する。新たな時代において、「見えざる基地労働者（Invisible base workers）」と「不可視化された米軍の駐留（Invisible U.S. military presence）」という二つの課題をさらに先延ばしにするのか、それとも議論を進めていくのがまさに問われている。

注

1　ＮＩＭＢＹ（Not in my back Yard）とは、総論賛成でも、自分の庭に厄介な物が存在することは許容しないとする立場のことである。この点は、佐々山泰弘『パックスアメリカーナのアキレス腱 グローバルな視点から見た米軍地位協の比較研究』（御茶の水書房、二〇一九年）一五頁。本土で平和運動が盛り上がり、米軍基地が整理縮小されることは、沖縄がその収容先となり、そのしわを寄せ受けることにつながる。

2　この報道について、東京新聞二〇一九年二月七日。日米地位協定一八条一（ｅ）では、米軍関係者が公務執行中の行為で、第三者に損害を与えた場合、日本の法令に従って被害者への賠償金を負担することになっており、米軍側のみに責任がある場合は米側が七五％、日本側が二五％、双方に責任がある場合は均等に負担することになっている。

3　自発的従属とは、強いられもしないのに自ら奴隷になるということである。この点については、エティエンヌ・ド・ラ・ポエシ著・西谷修監修・山上浩嗣翻訳『自発的従属論』（筑摩書房、二〇一三年）三五頁に、つぎのような警鐘的な言葉がある。
〈人はまず最初に、力によって強制されたり、うち負かされたりして隷属する。だが、のちに現れる人々は、悔いもなく隷属するし、先人たちが強制されてなしたことを、進んで行うようになる。そういうわけで、軛のもとに生まれ、隷属状態のもとで発育し成長する者たちは、もはや前を見ることもなく、生まれたままの状態で満足し、自分が見だしたもの以外の善や権利を所有しようなどとはまったく考えず、生まれた状態を自分にとって自然なものと考えるのである。〉

4　より詳細に述べると、自国に他国の軍隊が継続的に基地を設置し駐留することは、自国の主権と他国の軍隊にかかわる主権が競合する。この場合、基地受入国と基地設置国との主権競合を解決するためには、原則的に駐留を認められた外国の軍事基地にかかわる特性を踏まえて、特別の規定がない限り、基地受入国の国内法を適用しないというアプローチと、原則的に基地受入国の国内法を一旦は適用したうえで軍事基地にかかわる特性を踏まえて国内法を限定的な形で適用除外するというアプローチがある。日本の外務省は、前者のアプローチをとる。

5　https://www.mofa.go.jp/mofaj/area/usa/sfa/qa03.html

6　この点は、前泊博盛『本当は憲法より大切な「日米地位協定入門」』（創元社、二〇一三年）、末浪靖司『機密文書にみる日米同盟―アメリカ国立公文書館からの報告』（高文研、二〇一五年）、矢部宏治『知ってはいけない 隠された日本支配の構造』（講談社、二〇一七年）、明田川融『日米地位協定 その歴史と現在』（みすず書房、二〇一七年）、伊勢崎賢治・布施祐仁『主権なき平和国家 地位協定の国際比較から見る日本の姿』（集英社、二〇一七年）、琉球新報社編集局編『この海／山／空は誰のものか⁉ 米軍が駐留するということ』（高文研、二〇一八年）、ジョン・ミッチェル『追跡 日米地位協定と基地公害―「太平洋のゴミ捨て場」と呼ばれて』（岩波書店、二〇一八年）、山本章子『日米地位協定 在日米軍と「同盟」の70年』（中央公論新社、二〇一九年）、吉田敏浩「横田空域 日米合同委委員会で作られた空の壁」（株式会社KADOKAWA、二〇一九年）、沖縄タイムス社「沖縄・基地白書」取材班編『沖縄・基地白書 米軍と隣り合う日々』（高文研、二〇二〇年）、平田隆久著・藤澤勇希作画『まんがでわかる日米地位協定―高校生が日米地位協定を調べてみた！』（小学館、二〇二〇年）など。

7　日米地位協定五条二項は「船舶及び航空機、合衆国政府所有の車両（機甲車両を含む。）並びに合衆国軍隊の構成員及び軍属並びにその家族は、合衆国軍隊が使用している施設及び区域に出入りし、これらのものの間を移動し、及びこれらのものと日本国の港又は飛行場を自由に移動することができる」と定めている。

8　沖縄県編『他国地位協定調査報告書（欧州編）』平成三一年四月。

# あとがき

本書では、全国各地にある米軍基地で働く、日本人の基地労働者をテーマとしました。

第二次世界大戦により、敗戦で焼け野原となった日本においては、「進駐軍（占領軍）での労働」は、生き残った日本人が日々の「生活の糧」を得るための貴重な労働の場となり、一九五〇年の朝鮮戦争の頃には、日本全国の基地労働者は約三〇万人近くに達していました。その後、日本が独立し、国際社会に復帰してからも、令和の今日に至るまで、全国各地の米軍基地で、基地労働者は、国際的な日米の公共政策（防衛政策）の一翼を担い続けています。基地労働者の歴史を知ることは、あらためて、戦後の日本の歴史を知ることになるといっても過言ではないでしょう。

にもかかわらず、基地労働者について深く掘り下げ、「正確に」論じた書物はこれまで皆無だったといえるでしょう。もちろん、米軍基地や米軍について取り上げた本はこれまでにもたくさんありますが、進歩的な「あの雑誌」も保守的な「あの雑誌」も、結局は自分たちの編集方針―要するに、米軍基地や米軍を、「よい」と考えるか「悪い」と考えるか―に沿って、外から物見遊山的に眺めているだけに終わってきたように思います。この後少し触れますが、このテーマは、そう単純に「よい」「悪い」で割り切れるものではありません。戦後の米軍基地の歴史の流れをおおざっぱにいうなら、日本という国の中に異国（在日米軍基地）ができる。両者が同化しそうなことに対し、それに違和感を覚えて、異化を目指して反発（拒絶）するものの、隷属せざるをえなくなる中で、積極的に受容する動きもでてくる。しかしそれはやはりおかしいということで、やっぱり反発（拒絶）する。しかしまたもや隷属し、さらに積極的に受容し……、という「輪廻」が延々とめぐっているかのようです。このように、米軍基地をめぐっては、単純な善悪では割り切れない、葛藤の歴史があるといってもいいでしょう。本書では、米軍基地や米軍、日米安保条約や日米地位協定などには「光」と「影」の両面があるという考えに立って、できるだけさまざまな観点から検証しています。

またそれ以上に、これまでの本には「空白」があったように思います。哲学の世界では、エクリチュール（書き言葉）とパロール（話し言葉）という概念があります。パロールのほうが、エクリチュールよりも、発話者の思考や感情などをよりありのままに表現できる、という考え方があります。戦後から令和の現代に至るまで、米軍や米軍基地の動向と息吹を最も身近に観察し、影響を受けてきたのは、他でもない、基地労働者です。その基地労働者の「パロール」を抜き（空白）にして、外から評論家的に、「エクリチュール」だけで大所高所にこのテーマを語るのは、真理に対して不誠実ではないでしょうか。もちろん書籍なので、直接話し言葉で書かれているわけではないのですが、本書はそういった観点から、できる限り基地労働者のパロールを大切にしたつもりです。

とはいうものの、残念ながら多くの人にとっては、基地労働者といっても、「自分の身近な問題ではない」ということで、無関心になってしまっているかもしれません。編者は、大学で労働法を教えていますが、労働法の教科書や専門書にも、基地労働者に関する記述はまったくありませんし、私自身も、基地労働者の問題を詳しく知ったのは、二〇〇六年四月から、沖縄で、実際に働き・生活することになってからのことです（地元新聞紙に、米軍と防衛省による「基地労働者のスト時の年休不許可と付加金の支払いの可否が論点となり、基地労働者の訴えが認められた事件（那覇地裁平成二六・五・二一判決）」のコメントを求められたことがきっかけでした）。しかしその後、與那覇栄蔵・全駐労沖縄地区本部委員長から、日米関係や日米地位協定にかかわる「複雑な問題」があることをいろいろ伺い、単に労働法の問題にとどまらず、日米関係や日米地位協定にもかかわる、非常に難しい、しかし、沖縄だけにとどまらない、非常に重要な問題であることが少しずつわかってきました。本書を出版することで、このテーマを広く世に問いたいと思うに至った背景には、そのようなことがあります。

本書の各執筆者は、米軍基地で働く日本人の基地労働者を主人公にして、「自然災害」「米軍基地」「日米安保条約」「日米地位協定」「憲法九条」「集団的自衛権」「沖縄」などのフィルターを通しながら、それぞれの執筆者自身の考えを、読者の皆様に理解しやすく伝えようと努力しました。ただ、色々な見方がありうるテーマということもあり、各執筆者の価値感や意見の違いについては、あえて統一していません。政治的党派性は排除しつつも、中立性や客観性に過度に引っ張られすぎず、各執筆者の視点を尊重することで、ありのままの基地労働者の姿を描き、そしてさらにはそれを通じた、ありのままの日本の「戦後」と「災後」と「今後」について考えてみたつもりです。それにどこまで成功しているかどうかの評価は、読者の皆様にゆだねたいと思います。

本書は、「労働と経済」においての連載なくして、実現しえませんでした。掲載を御快諾くださった、労働開発研究会の江曽政英編集発行人・末永将太編集長に厚くお礼申し上げます。

引用したパンフレットや写真の提供につきましては、独立行政法人駐留軍等労働者労務管理機構（ＬＭＯ）とＬＭＯを通じて米軍の広報部の快諾もいただきました。本書の写真掲載については、平塚柾緒さん・高城琢磨さん・横須賀市立中央図書館・那覇市博物館・立川市歴史民俗資料館・相模原市立公文書館・琉球新報・沖縄タイムスにご許可をいただきました。皆様には深く感謝申し上げます。また、本書の出版にかかわって、編者は「沖縄大学出版助成金」およびＪＳＰＳ科研費１８ｋ０１３０６・ＪＳＰＳ科研費２１Ｋ０１１８７、伊原亮司はＪＳＰＳ科研費２０Ｋ０２０６１、河合塁はＪＪＳＰＳ科研費２０Ｋ０１３２４の各助成を受けていることも付記しておきます。

与那覇栄蔵・全駐労沖縄地区本部委員長には、私が沖縄大学で研究を進める中で、基地労働者の問題が、沖縄が米軍統治下の歴史があったこと、日米関係・日米安保条約・日米地位協定などの「複雑で錯綜する複合的問題」について、幾度も有益な御助言を頂きました。沖縄地区本部のほか、紺谷智弘・全駐労中央本部中央執行委員長および清水千代宣・全駐労中央本部書記長を含め、全国各地の全駐労の皆様にはいろいろと情報提供やご教示をいただきました。この点も感謝申し上げます。また、編者の学問上の恩師である角田邦重・中央大学名誉教授には、(1)厳密な法解釈の必要性とその有用性のみならず、(2)法解釈の背後にある労使関係のリアルな実態を可視化する面白さと大切さについて折に触れご指導いただき、編者が本書のような壮大なテーマについて取り組むことを、温かく見守ってくださいました。(1)については未だにうまくできていませんが、(2)については、本書で共に執筆していただいた、各執筆者のご尽力もあり、少しはかたちにできたのではないかと思っています。

最後になりますが、国際関係の変動や日米関係の変遷という激動の時代において、「戦後」の日本、「災後」の日本社会を、日本の防衛政策の縁の下の力持ちとして、ずっと支え続けてこられた（そして、この先も支えてこられる）すべての基地労働者の皆様に本書を捧げたいと思います。皆様の「これまで」と「これから」に、本書が少しでも貢献するものとなれば、編者はじめ全執筆者の望外の喜びです。

# 執筆者一覧

**紺谷智弘**　全駐留軍労働組合中央執行委員長　＊まえがき、第一章第一節

一九六一年東京生まれ。一九八三年より一九九八年まで在日米陸軍相模総合補給廠に勤務。一九九九年全駐留軍労働組合専従役員に就任。二〇一六年より現職。厚生労働省労働政策審議会臨時委員（二〇一五年～現在）。論文に「安保法制は基地労働をどう変えるか―米軍戦略に左右される基地労働と労働組合の取組み」（『POSSE』vol.29（二〇一五））など。

**春田吉備彦**　沖縄大学教授　＊序章、第一章二節、第二章、終章、あとがき

専門は労働法・社会保障法。中央大学大学院法学研究科博士後期課程終業年限終了。二〇〇九年より現職。沖縄県労働委員会（第一七期～第一九期）公益委員・会長代理歴任。著書に『沖縄県産品の労働法』（琉球新報、二〇一八年）。論文に「駐留軍等労働者における『間接雇用方式』の歴史的展開と労働法上の課題」新田秀樹・米津孝司・川田知子・長谷川聡・河合塁編『現代雇用社会における自由と平等』（信山社、二〇一九年）。

**伊原亮司**　岐阜大学准教授　＊第一章第三節、第四節

岐阜大学地域科学部准教授。社会学博士（一橋大学）。専門は労働社会学、経営管理論、現代社会論。単著、『合併の代償―日産全金プリンス労組の闘いの軌跡』（桜井書店、二〇一九年）、『ムダのカイゼン、カイゼンのムダ―トヨタ生産システムの〈浸透〉と現代社会の〈変容〉』（こぶし書房、二〇一七年）、『トヨタと日産にみる

〈場〉に生きる力―労働現場の比較分析』（桜井書店、二〇一六年）、『私たちはどのように働かされるのか』（こぶし書房、二〇一五年）、『トヨタの労働現場―ダイナミズムとコンテクスト』（桜井書店、二〇〇三年）。

**小俣勝治**　青森中央学院大学教授　＊第一章第五節

青森中央学院大学教授。國學院大學大学院法学研究科博士課程単位取得。〈主要著作〉「ドイツにおける労働契約の司法的コントロールの根拠―債務法改正前」新田秀樹・米津孝司・川田知子他編集『現代雇用社会における自由と平等―24のアンソロジー』（信山社、二〇一九年）二四七頁以下、『ホワイトカラー労働者の労働時間に関する新たな法規制』（社労士総研　研究プロジェクト報告書〔平成三〇年〕二〇一八年）

**福田護**　弁護士　＊第三章第一節

一九八七年弁護士登録、神奈川県弁護士会所属。著書（共著）に、『安保法制の何が問題か』（岩波書店、二〇一五年）、『砂川判決と戦争法案』（旬報社、二〇一五年）、関係論文に「戦争法制の労働者の視点からの制度分析」（労働法律旬報一八五五・一八五六号、二〇一六年）。

**小宮玲子**　弁護士　＊第三章第一節

二〇〇〇年弁護士登録、神奈川県弁護士会所属。労働、労働災害・公務災害関連の主な担当事件として、地公災基金横浜市支部長＜横浜市消防職員＞事件（東京高裁平成二四年六月六日判決・労働判例一〇五四号九一頁）、国・護衛艦たちかぜ＜海上自衛隊員暴行・恐喝＞事件（東京高裁平成二六年四月二三日判決・労働判例一〇九六号一九頁)、未払賃金等請求事件(東京高裁平成二九年二月二三日判決・判例時報二三五四号七四頁。「解雇事件にみる駐留軍等労働者の制裁手続上の諸問題」労働法律旬報一九一七号(二〇一九年)一五頁)など。

**岩垣真人**　沖縄大学准教授　＊第三章第二節、第三節

沖縄大学経法商学部准教授。埼玉県出身。専門は行政法・憲法。一橋大学大学院法学研究科博士後期課程単位取得満期退学。東京学芸大学教育学部特任講師、沖縄大学法経学部講師を経て、二〇一九年四月より現職。浦添市情報公開及び個人情報保護審査会委員(副会長)などを併任。主要な業績として「フランス財政システムの変容と会計院」(二〇一四年)、「沖縄が置かれる財政環境の歴史的変遷」(二〇一八年)など。

**河合塁**　岩手大学准教授　＊第四章第一節、第二節

専門は労働法・社会保障法。中央大学大学院博士後期課程修了(博士(法学))。企業年金連合会職員、宝塚大学非常勤講師などを経て二〇一三年より現職。岩手県労働委員会公益委員、岩手地方労働審議会公益委員、岩手県地域訓練協議会委員(会長)、岩手県事業認定審議会委員(会長)などを併任。最近の著書に『リアル労働法』(共編・法律文化社、二〇二一年)、論文に「パワハラ防止法制化の意義と課題」(日本労働法学会誌一三三号、二〇二一年)、「コロナ禍での休業と補償・賃金に関する一考察」(季刊労働法二七一号、二〇二〇年)など。

伊藤匡　学習院大学教授　＊第四章第三節
専門は国際経済学、開発経済学。ジュネーブ国際問題高等研究所にて博士号（経済学）を取得。二〇一六年より現職。様々な国際学術雑誌より論文を刊行。

基地労働者から見た日本の「戦後」と「災後」と「今後」

二〇二一年九月二〇日　第一版第一刷発行

編著者　春田吉備彦＋全駐留軍労働組合中央本部

発行者　江曽政英
発行所　株式会社労働開発研究会
〒一六二-〇八一二　東京都新宿区西五軒町八-一〇
電話（〇三）三二三五-一八六一　ＦＡＸ（〇三）三二三五-一八六五
https://www.roudou-kk.co.jp
inofo@roudou-kk.co.jp



ISBN978-4-903613-29-1
2021 Printed in Japan
印刷・製本　第一資料印刷株式会社